普通高等院校设计类基础课程规划教材

M MODEL INSPIRE YOUR CREATIVITY BY MODELS

建筑与环境艺术模型制作

CONSTRUCTION OF ARCHITECTURE AND ENVIRONMENTAL ART MODEL

用模型激发创意思维

王卓　编著

大连理工大学出版社

图书在版编目(CIP)数据

建筑与环境艺术模型制作 ：用模型激发创意思维 / 王卓编著. — 大连 ：大连理工大学出版社，2014.9
(2023.7 重印)
ISBN 978-7-5611-9475-1

Ⅰ.①建… Ⅱ.①王… Ⅲ.①模型(建筑)－制作 Ⅳ.①TU205

中国版本图书馆 CIP 数据核字(2014)第 194133 号

大连理工大学出版社出版
地址：大连市软件园路 80 号 邮政编码：116023
发行：0411-84708842 邮购：0411-84708943 传真：0411-84701466
E-mail：dutp@dutp.cn URL：https://www.dutp.cn
大连金华光彩色印刷有限公司印刷 大连理工大学出版社发行

幅面尺寸：185mm×260mm 印张：13.5 字数：312 千字
2014 年 9 月第 1 版 2023 年 7 月第 6 次印刷

责任编辑：初 蕾 责任校对：仲 仁
封面设计：孙虹霞

ISBN 978-7-5611-9475-1 定 价：39.80 元

序

用三维实体模型作为对建筑与环境艺术设计过程的推敲和对设计成果的展示，已经有久远的历史。即使在设计的无数次演进中，模型这种设计表达形式也从未被替代。模型制作作为建筑与环境艺术相关专业的一个传统课程，在国内外的专业院校中至今仍被保留并受到广泛重视。手绘表现、计算机虚拟模型和绘制施工图是目前设计过程和设计成果中很常见的表达形式，但三维实体模型无疑更加直观，能有效发挥推进设计的作用。用三维的思维模式、三维的思考方式、三维的工作方法去研究最终将以三维实体形式真实建造的建筑、景观、室内空间，这无疑是更好的选择。

一本高质量的关注模型制作的教程面世，对相关专业的学习无疑将具有很大的帮助。在此次编著的《建筑与环境艺术模型制作——用模型激发创意思维》一书中，王卓以全新的编写架构和编著思路，详细地梳理了模型制作的分类、制作工具、制作材料、制作程序、制作方法、模型摄影与后期编排等诸多内容。

继《“初”中有戏——室内设计投标策划》和《环境艺术设计概论》之后出版此书，王卓能够对每一本编著的书籍做到厚积薄发、精心编写，作为她的硕士生导师，看到她对待专业研究的认真态度，我感到十分欣慰。

鲁迅美术学院环境艺术设计系主任、教授、硕士生导师

2014 年 8 月

前　言

在前言部分用稍感性的方式去表述，我曾受到编辑的多次批评。但这段写在前面的话却记录了我能够出版本书的缘由。

读书的时候最怕做模型，担心切到手指和弄坏漂亮的指甲。虽然如此，立体构成、空间构成、建筑设计模型、中国古建筑临摹模型、商业展示设计模型，一个接一个地做，痛恨并享受着，不，应该是忍受着……终于毕业了，想想可能这辈子再也不会做模型了吧，结果到工作单位要承担的第一门课程就是建筑模型制作，并且一晃八年都在“舞刀弄枪”地被这些刀子、钳子、钻和锯“缠住”了。现在，在制作模型时，锯起木板也俨然一个女汉子，有时干脆也不带手套了，手粗得很接近雕塑系的女生了。

但我很庆幸也很感谢当年被“逼”着担任模型课程的教学工作。这么多年走过来，对模型制作不断研究和实践，越来越体会到模型对激发创意思维的帮助、对设计思路拓展的帮助、对创建三维形体的帮助、对设计方案推进的帮助。正如美国设计教育家罗伊纳所说，设计三维形体就必须用三维的思维方式和工作方法去完成。我们所涉猎的环境艺术设计领域，所有的“想法”和创意最终都将以三维实体的形式被建造出来，因此，我们也必须学会用三维的方式去思考和推敲。

就模型而言，可以有很多的关注点、切入点和研究的角度，在这本书中，我们并没有过多关注设计本身，而是就模型制作的策划、程序、方法等进行了较详细的讲解和举例，同时，也更多地关注了在模型制作中创意思维的运用以及模型制作对创意思维的激发。

两三年前，出版社就曾提议编写关于模型制作的书籍。我一直不想急着动笔，一直希望积累更多再将它们交付于读者审阅。此次书中收录的近千张图片，有建筑大师设计方案的模型，有学生毕业设计的模型，有设计课程中制作的习作模型，有制作模型必需的材料和工具，同时，也不乏许多模型制作的反面案例。这是冒着得罪人的风险，希望读者了解“对的”同时，更清晰地对比出什么是“错的”。本书中所介绍的模型涵盖了地形、建筑、景观、室内、创意小品等诸多内容，都配有详细的文字解说。但希望读者在阅读中不要仅仅信手翻过，而是更多去思考这些模型的制作思路以及创意源，更多去用书中的模型例子给自己在制作模型时提供灵感和启发。

目 录

第 1 章 导　论

本书所针对的主要读者为艺术院校及工科院校建筑设计、环境艺术设计专业的学生。本书是关于建筑与环境艺术模型制作的研究与应用，我们希望在篇首传达给读者的理念是在设计过程中制作模型非常必要，但模型是手段，不是终极目标，它是服务于设计的工具。

本书同时也适用于相关设计行业的从业者，应诸多设计师之邀，在本书中对设计师同样也很关注的模型制作工具、材料、流程及制作方法等进行了详细的介绍。

制作建筑与环境艺术模型，在国外的设计事务所早已成为整个设计过程中必要且非常重要的环节，制作各个阶段的模型总是伴随着项目设计的每个过程。国内设计院和大型设计机构也越来越多地使用模型对设计方案进行推敲、推翻、重塑、调整、深化、执行。

设计图纸仍然是目前和在未来较长时间内都不可能被替代的设计表达方式。深化平面功能布局、横向与纵向多重交通流线、设备与机电设计、立面的装饰造型、装饰细部及施工节点、施工工艺及材料等等，都更需要准确而详尽的图纸。同时，手绘表现图、电脑效果图、计算机虚拟模型、建筑环游动画等也都是如今被行业接受并广泛应用的表达方式。

那么，用模型表达设计仍然重要吗？为何还要用模型推敲设计？为何还要学习制作模型？

答案是确定的。模型作为唯一以三维实体呈现的设计表达工具，是所有二维或模拟三维技术都无法比拟的，它对于研究设计、表达设计都非常重要。过去，模型在创意、设计过程中被有效利用；现在，仍在大量被应用；将来，更不可能被放弃。建筑设计、景观设计、室内设计、环境艺术设计都是综合性很强的学科。感性的、理性的，直觉的、数据的，艺术的、技术的，审美的、功能的，理想的、现实的……诸多的因素交织在一起，设计师在其中无数次地迸发、妥协，沮丧、激动，协调、整合，最终建立起一个可以被实施的方案。被建成的场地或空间最终也都将以三维实体的形式被人们观察、感知并使用，因此，在设计过程中，最能够有效帮助设计师在三维空间中进行判断的设计表达工具只有模型了。

制作建筑与环境艺术模型，是国内外各大院校相关专业都不会缺少的课程。

当然，它的重要性并不是因为模型课程开设的普遍性，而是，学生亲自动手，或是尝试将所设计的方案制作成模型，或是临摹大师的设计作品，都能够在制作模型的过程中，对其进行直观的、多角度的研究和判断。这种对模型实体的观察、感受、触摸、拿捏是设计者第一次与设计方案在三维环境中“亲密触碰”，这种期待、专注、激动、兴奋将会激发出设计者更多的创意思维和设计灵感，调动起他们最大的设计潜能。在对模型制作的初识中反复操练，也将激发出对制作手法的大胆创意和想象。设计需要充分的理性，但创意思维的迸发也许只是一个瞬间的冲动，这是复杂、呆板的电脑虚拟制作无法给予的触动。

本书共分9个章节研究建筑与环境艺术模型：

第 1 章，剖析建筑模型制作的重要性，概述本书各章节的研究重点。

第 2 章，对建筑与环境艺术模型所涉及的种类和功能进行科学、详细的归纳，介绍每一类模型的“特长”以及适用范围。此章节中的模型分类并不是简单的种类罗列，而是根据分类对每类模型材料选择及制作特点进行分析和说明。

第 3 章，主要向学生介绍学习模型制作所要熟识的工具、设备、材料和工作场所。本章将采用材料与加工工具对照的方式进行介绍，并将常用的主要材料进行示范演示。这种材料和工具对照的介绍方式是很有效的，也能够让学生有更直观、清晰的认识。

第 4 章，介绍模型制作前的整体策划。模型制作有其独立的制作“套路”，动手前各方面的准备，都将直接影响到制作过程和结果。因此，本章将从整体定位、模型构图、效果表现、色彩关系、材料选择及工艺等方面进行介绍。

第 5 章，将模型的各个“零件”进行拆分，分别详细介绍其制作方法、工艺和技巧。

第 6 章，以模型案例的形式阐述用模型激发创意思维的过程。本书中所指对创意思维的激发，包含了两个层面的含义，一是激发对设计的创意思维，二是激发对制作的创意思维。书中所阐述的模型类别主要是服务于设计的，离开了设计，就其功能而言，就失去了存在的意义。本章将以案例的形式传达给学生，展现模型制作对创意设计过程的推进，以及制作过程中对模型自身表现力的推进。

第 7 章，介绍目前已被广泛应用的数字化雕刻、切割技术，详细阐述其在模型制作中的应用。

第 8 章，关于模型摄影，从相机的常识到拍摄角度，从构图的选择到拍摄技巧，从模型照片的后期制作，到整体版式编排都做了详细的阐述。

第 9 章，展示一线设计事务所及专业院校毕业设计的优秀模型作品。这些模型都曾经在设计过程中激发创意思维和设计灵感，在设计过程中对方案的深化起到过重要的促进作用。

第 2 章 模型的分类与功能概述

2.1 模型类别的分类

建筑与环境艺术设计是一个大范畴，本书所提及的模型中所表现的内容大多数都涵盖于这一大范畴之中。在此，按照模型表现的具体内容，我们将模型的类型概括成三个大类：场地模型、建筑物模型、构筑物模型。其中，场地模型包括地形模型、背景模型、规划模型、景观模型。建筑物模型包括建筑单体模型、建筑群落模型、建筑构造模型、室内空间模型、节点及细部模型。构筑物模型包括创意小品、城市或室内家具、桥梁及道路等。

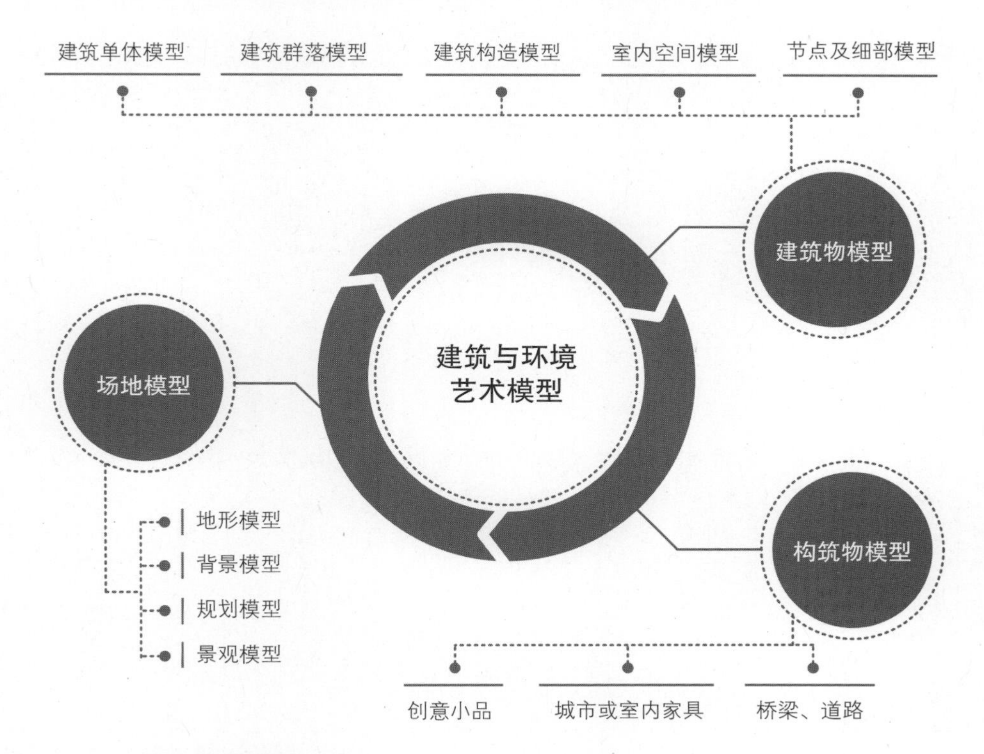

2.1.1 场地模型

场地模型所研究的任务是呈现场地内现有的地形及将要变更的地形，场地内和场地周边的整体环境，表现场地区域内的整体规划，以及场地内的自然、人文景观等。

地形模型

场地内的地形对建筑及景观的影响重大，也左右着建筑及环境艺术设计的主导方向。地形模型主要表现场地存在的高差变化、地势的陡峭或平坦。建筑和景观设计是利用地势顺势而为，还是破“旧”立新，可以通过直观的地形模型进行有效的参考和判断。

地形模型可以通过等高线或堆砌方法进行表现。等高线地形模型是通过等高线直观呈现地形环境，模型中可以表现地势高差、河流及植被覆盖。制作时，按照实际场地的等高线图，根据选定的比例进行制作，常用的材料有 KT 板、纸板、木板。选择板材的厚度是按照模型比例，表现等高线每阶所代表的高度。堆砌方法制作的模型，通常选用石膏、黏土或废旧纸张进行夹胶来制作。例如，堆砌的斜坡可以使用废旧报纸夹胶作为地形的基础支撑，表面用胶附着纸巾作为表层地形，将纸巾固定并待其干燥后，用水粉或丙烯颜料着色制作出堆砌效果的地形模型。

图 2–1　图中是使用了 1:2000 比例、单色制作的地形模型，用等高线方法清晰表现“峰”、“谷”、陡峭和平缓的地势，对地形准确呈现能够为建筑与景观的植入做出有效参照。

图 2–2　图中是用白色雪弗板单色制作的地形模型，配合使用了白色 PVC（聚氯乙烯）细管、透明亚克力薄片，整个模型呈现出清晰干净的表现效果。

图 2–3　图中是用堆砌方法制作的地形模型。

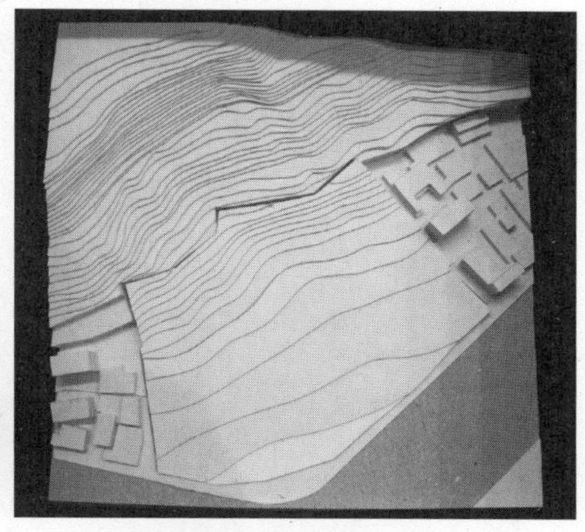

图 2–4　图中是用白色纸板制作的地形模型，主要表现出场地内原有建筑的位置分布及建筑物形态。

背景模型

建筑、景观都不可能脱离场地环境而独立存在，建筑与景观设计也是在充分研究场地特征后才能确立设计思路，即与场地充分融合还是产生强烈对比。

制作背景模型的目的是表现场地内外现有的整体环境状况，包括现有的建筑布局，建筑形态，现有道路、交通设置，是否有河流、湖泊及它们的流向，是否有森林、植被，是否存在高架桥、铁路、桥梁。这些直观的模型都将为之后开展的建筑及环境艺术设计提供有效的参考。此类模型制作主要是通过建立体量关系、空间关系、比例关系等来完成，为将要进行的建筑与环境艺术创意提供思考和判断的依据。

此类模型制作可以选择多种不同制作方式。例如，将周围建筑详细制作，将待建建筑红线区域空出，用以分析新的建筑应以什么形式进入场地。还可以利用影像手段进行拼贴，或者用最简洁的体块表达场地周围原有建筑，用以推敲新老建筑间的体量关系。

初学者在制作背景模型时通常选择易加工的材料。例如，容易被切割的挤塑聚苯乙烯硬质泡沫塑料、含发泡剂的聚苯乙烯、高密度聚苯板等。在没有机器切割设备的条件下，也可以使用厚纸板或卡纸手工切割。

图 2–5 ~ 2–6 这是日本建筑师安藤忠雄为美国世贸中心遗址设计的纪念性地标方案的背景模型。建筑师希望用一处缓缓隆起的空白来纪念城市的伤痛——填补已经消失的世贸中心的不应该是建筑，而应该是为安魂和反省而规划的场所。为该设计方案所制作的建筑模型几乎呈现了世贸中心周围所有的主要建筑物，但这些密集、拥挤、压抑的幢幢高楼却最大限度地突出了在遗址上希望建造的那种“空”。

图 2–7 这是为区域规划而制作的背景模型。图中整个区域的现状用卫星航拍图像的形式打印出来，并拼贴在模型的表面，将城市该区域内的建筑、街景、道路、高架桥等生动地表现出来。在清晰表达场地现状的同时，增添了模型的趣味性。

规划模型

规划模型大到可以表现一座城市，小到一个区域组团，主要用途是通过模型将区域内已有建筑、景观、道路、桥梁、公园、广场等的规划格局呈现，同时表现出计划开发或待建的建筑、设施等。规划模型表现的场地区域通常较大，一般使用较小的比例尺进行制作。此类模型的材料选择需要根据制作用途而定，可以是 PVC 板，也可以是容易被剪切的卡纸或纸板。

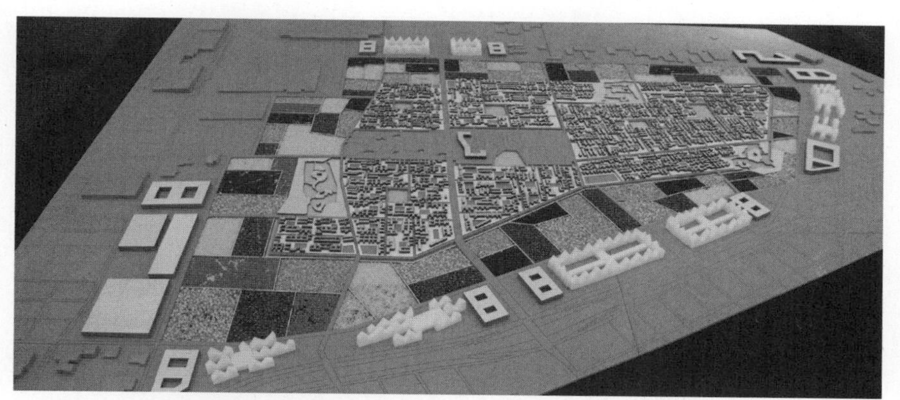

图 2–8　图中的规划模型大胆使用了玉米、红豆、绿豆、大米、高粱米、黑米等谷物，配合数控技术加工的密度板，利用谷物自身的颜色很好地与板材相结合，是较有创意的规模模型作品。

图 2–9　上海市中心城区局部规划模型呈现了中心城区范围内的建筑、道路、街道、河流等城市场景。

景观模型

景观模型主要用以推敲和表现景观设计，着重表现对区域内景观的设计创意，包括道路、交通、功能分区及设置、硬质铺装、自然水面、人工水体、树木、树丛及景观小品，还包括景观与建筑如何衔接，场地与边缘如何衔接等。此类模型对场地内景观的表现较深入，对建筑体则可以作简单的处理，表现出已有建筑或待建建筑的体量、高度、形态即可。模型可以根据用途和精致度要求选择纸板、木板、PVC 板、局部透明亚克力板制作。

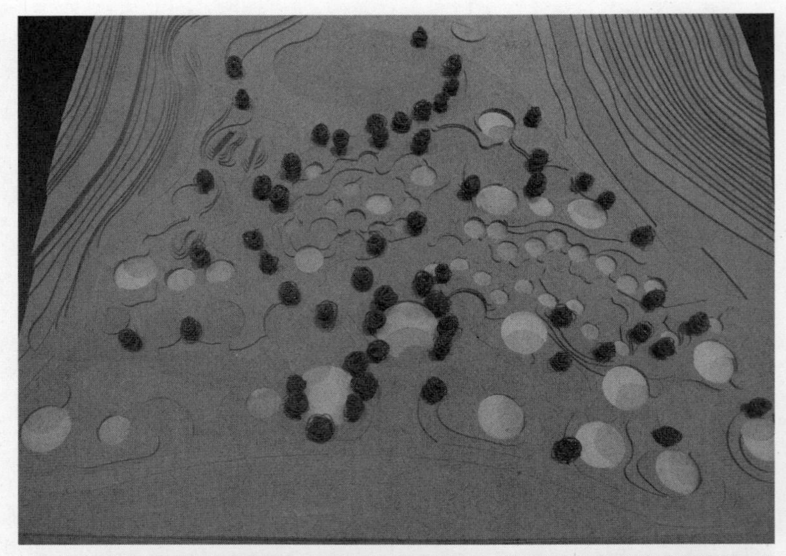

图 2–10　这是浙江某陵园家族墓地群景观设计的方案模型。模型采用土黄色厚纸板制作，底部使用白色纸板作为衬板，将规划的每个墓区定位处切割成镂空状，衬出白色底板。

图 2–11　景观概念模型中的几个分体模型与整体景观规划模型使用统一材料，呈现了几种不同构成形式的家族墓地方案。

2.1.2 建筑物模型

建筑物模型主要用于详细研究建筑外部形态与建筑内部空间，以及建筑及内部空间中的节点、细部。

建筑单体模型

建筑单体模型以表现单体建筑物为主，着力塑造出建筑主体与场地的关系、与周边其他现有或待建建筑的关系，表现建筑主体自身的尺度、比例、体量、材质、色彩以及对建筑形式的创意。要注意的是，根据设计阶段的不同，建筑单体模型可以是简单的“块”或“盒子”——草图模型；也可以是近乎于最终效果的建筑外观——成果模型。在成果模型的表现阶段，通常将建筑的各种细节做很详细的表现。制作建筑单体模型的材料也要对应设计阶段，草图模型的材料可以“信手拈来”，卡纸、复印纸、纸板、硬质泡沫塑料、陶土等等都可能成为制作模型的材料。注意选择的材料要易于加工和修改。随着设计的深化，对工作过程中的模型精致度的要求也随之增加。此时，可以选用木板、PVC 板、ABS 板、透明亚克力板等制作材料。

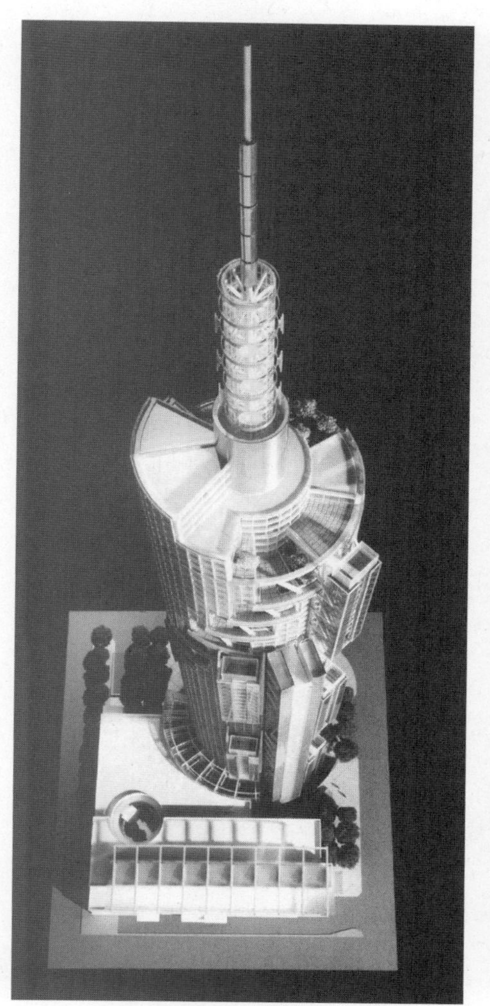

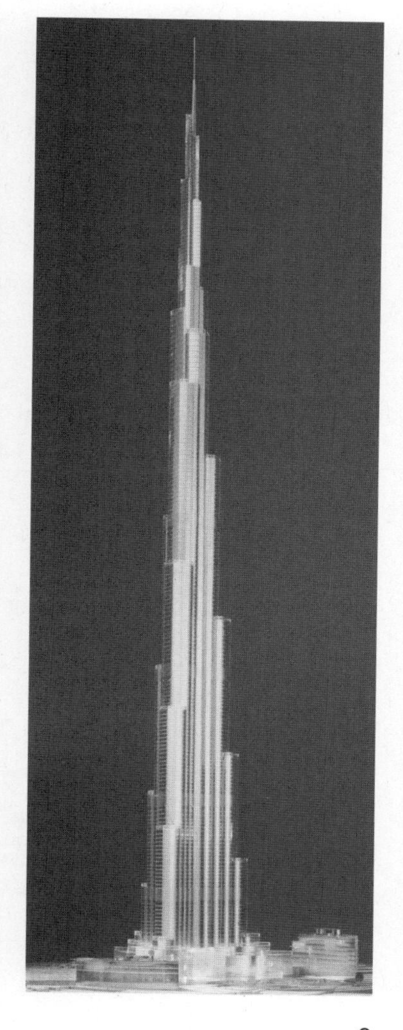

图 2–12　图中是俯视角观察的建筑单体模型。

图 2–13　图中是平视角观察的建筑单体模型。

建筑群落模型

建筑群落模型主要表现群体建筑，例如，大型厂房群、居住组团、集合住宅等。这类模型需要表现建筑群落与场地及周边整体环境的关系，更重要的是通过模型表现出群体建筑内部的交通、路网、各建筑间的关系及它们各自的形态和尺度。此类模型根据不同阶段可选择厚、薄纸板，木板，PVC板等制作材料。

图 2–14　图中的集合性居住住宅模型是学生研究集合性住宅课题的方案模型。基础底板为木工板，上附牛皮纸，模型主体为白色厚纸板手工切割而成。

图 2–15　图中的建筑群落模型主要使用薄航模板及瓦楞纸板制作。两种板材虽然质感有较大的差异，但色调统一，在色相和明度上具有很强的和谐性。

建筑构造模型

建筑构造模型专门用来研究建筑整体结构或建筑某局部的空间框架或结构。目的是将建筑或内部空间的结构“解剖”开来，解决设计过程中出现的结构难题。例如，梁与柱的确切位置，负荷与承重，结构之间的衔接以及其他技术参数。木条或木板更适合用于制作构造模型，有助于进行技术性研究。

图 2–16　西班牙圣家族教堂陈列的由高迪制作的建筑构造模型。

图 2–17　图中是高迪为设计圣家族教堂而制作的构造研究模型。

室内空间模型

室内空间模型主要用于研究建筑的内部空间，可以是单独的室内空间，也可以是多个空间的组合。主要解决室内空间秩序、空间形态关系、空间分割关系、空间比例以及家具布置等问题。有时，也可以用于研究某个内部空间的主要界面，例如，大型的音乐厅顶面。音乐厅顶面设计对造型和声学的要求都非常高，因此，在设计此类室内空间时，设计师可能会制作模型，专门用于研究顶面的处理方案。室内空间模型通常有三种制作和观察方式：可以去掉建筑顶盖俯视观察，这类似于轴测图的角度；也可以去掉某建筑外墙水平观察，这近似于剖面图的观察方式；还可以将底部局部切开，从下向上观察。根据设计阶段的不同，可以选择厚纸板、PVC 板、透明或半透明的亚克力板等制作材料。

图 2–18　图中的模型是以剖立面方式展示的室内空间模型。

图 2–19 和图 2–21　图中是由综合材料制作的多空间研究模型。将模型的顶盖移除，以轴测图的观察视角清晰地表现出室内各空间的组合关系及每个空间的功能用途。

图 2–20　图中的模型是用木板制作的室内单体空间模型，将顶面和一个立面去掉进行观察，很清晰地展现出内部空间的形态和构成，这是制作室内空间模型非常好的方法之一。

节点及细部模型

在建筑、环境艺术设计中，对于建筑、景观及室内设计对象的细节处理十分重要。节点及细部模型主要用于研究设计过程中的某些细节设计，模型将表现这些细节的材质、色彩、构成方式，有时也用于表现特殊设计的窗户或楼梯、导视系统以及细部衔接等问题。PVC 板、薄金属板等都是适合被选用的制作材料。

图 2-22 ~ 2-23　图中模型是专为研究室内局部空间特殊形态而制作的细部模型，模型只为展现室内中的某个特殊空间的设计。模型使用木材为主材，曲面玻璃的设计运用透明亚克力薄片弯曲呈现。

2.1.3 构筑物模型

创意小品

创意小品模型主要表现环境艺术中的小型创意构筑物。例如，城市公共艺术、街边创意休息亭、公共汽车候车站、微型休闲吧等。 建筑小品类模型多用来研究小型构筑物的创意或结构，因此，经常用到的材料有卡纸、纸板、木板、木条等。

图 2–24 模型使用薄 PVC 板、木板及木条制作。基础底板使用航模板，树的形态使用粗细不同的圆柱体木条表现，而构筑物主体是用航模板、木条结构框架和雕刻 PVC 板制造。

城市或室内家具

这类模型着重表现室外和室内家具，包括家具的具体尺度、比例关系、材料、色彩、家具创意细节等。多用大尺度的比例尺，有时也直接用 1∶1 的比例制作并直接被使用测试。模型材料有时可以直接使用产品预期的材料进行制作，这近似于制作产品的样品。

图 2–25 图为实物等比例的木质可拆分创意家具模型。

图 2–26 图为风格统一的实物等比例创意家具组合模型。木质材料，白色漆面。

桥梁、道路

桥梁、道路等设计也属于建筑设计的大范畴。该类模型通常表现桥梁、道路所在的环境，以及它们的结构或造型等。材料可以选择纸板、木条、航模板、薄木片、PVC 板等。

图 2–27　图中的模型是老上海苏州河上的桥梁。

图 2–28　该模型是为“骑行西湖”景观设计而制作的模型。模型使用牛皮纸板作为主材制作景观桥，配合黑色 PVC 管表现树木，白色底盘。黑、白、灰搭配得恰到好处。

2.2 模型用途的分类

2.2.1 服务于设计

用模型激发创意思维，在设计过程的各个阶段用于推敲设计方案以及研究模型制作自身的表现形式，这是模型最本质的功能，也是我们在本书中重点探讨的内容。根据设计的不同阶段，模型与设计相对应分为草图模型、深化模型、成果模型。

草图模型针对最初的概念方案，此时，对建筑或环境艺术的设计可能仅仅是构想，或者只是一些初步的理念，或是在场地中的某个创意形态。但此阶段所对应的草图模型的制作十分必要，此时模型中的待建建筑所在的场地应该是完善而准确的，设计者在场地中对设计对象反复思考，以便做出判断和确认。

图 2–29　模型用纸板喷银色模型漆、图钉、大头针、黑色 KT 板制作。主体建筑部分用纸板粘贴，环境景观部分则使用非粘贴的固定方法，简便而且易修改，很适合用于草图阶段。

图 2–30　透明亚克力板和黑色厚纸板制作的建筑草图模型用最抽象的概念形式，将建筑形态及周边环境呈现出来，为设计深化提供了三维实物的效果参考。

深化模型对应设计扩初和深化阶段。该阶段的模型根据设计所进行的程度可以用单一材料抽象表现，也可以是对设计内容很写实的表现。目的是用三维实物模型检验已完成的设计，以及为进一步的设计修改和深入提供判断的依据。

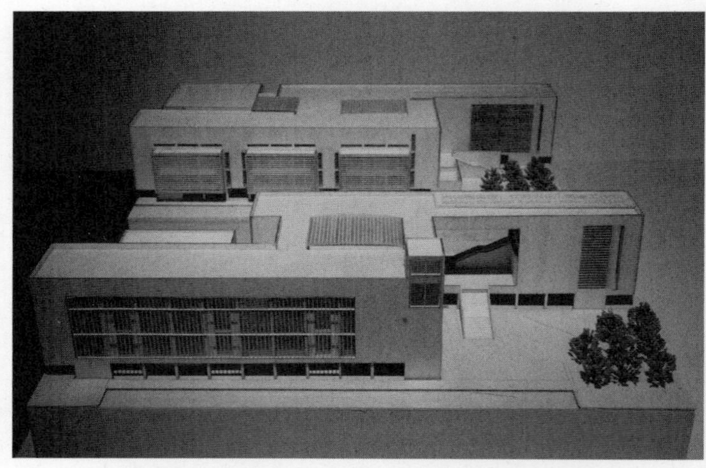

图 2–31　图中模型是为江苏兴化设计的兴化档案馆建筑的深化模型。模型主材为航模板，使用统一木本色单色制作。

图 2–32　图为白色 PVC 材料制作的建筑单体深化模型，用单色表现，但将建筑“凹凸”的丰富变化以及地上与地下入口表达得非常清晰。

图 2–33　图中是使用白色 PVC 材料制作的深化模型，清晰地表现出主体建筑的体量和空间形态。

图 2–34　图中是建筑单体的成果模型，将建筑的形态、植物覆盖与建筑体的关系等都进行了呈现。

成果模型是在设计基本完成阶段对设计成果和预期效果的表现。此阶段的模型通常从场地到模型主体，再到周边的整体环境都表现得较完整和详细。

图 2-35　图中是单色建筑群的成果模型，使用 PVC 材质制作，数控设备切割，手工组装完成。

图 2-36　该图是弗兰克·盖里为古根海姆博物馆进行方案设计时制作的模型，展现了从最初折叠的“东倒西歪”的纸盒，到解构主义理念完美实现的三个过程。该模型整个场地及周围背景都不做任何调整，根据建筑方案从创意构思到“成品”的不同阶段，制作研究该建筑的实物模型。制作材料包括彩色卡纸、木块、薄金属片等。

图 2-37　该图是弗兰克·盖里为美国麻省理工学院斯塔塔中心设计建筑方案时制作的模型，模型分别在不同设计阶段制作以便用于推敲方案。模型材料根据不同阶段使用了彩色纸、卡纸、锡箔纸片等材料。

图 2-38　该图是弗兰克·盖里为美国柯克兰美术馆扩建项目而制作的模型。建筑师设计了两个方案，左侧和右侧分别是为两个方案而制作的模型。右侧为最终被确定的设计方案。

2.2.2 服务于商业

我们经常会看到商业行为中出现实体模型展示。这些模型主要为商业行为“助阵”，促进品牌推广、提升企业形象或助力商品售卖。最常见的可谓房地产楼盘销售场所。

图 2-39　图中模型为万科某售楼处的项目展示沙盘。建筑外立面用写实的手法准确呈现，树是很绿的，楼盘内外的道路及入口等也都清晰表达。目的是让购买者能够非常直观地了解项目建筑和整体环境，销售中配合讲解激发人们的购买欲望。

图 2-40　目前，商业展示模型的表现内容和手段日渐提升。模型不局限于简单表现小区的整体形象，而且将重要建筑的内部空间一并进行展示，以达到增加客户对项目好感的目的。

图 2-41　图为万科某项目展示模型局部。

2.2.3 服务于公众

有些模型并非用于推敲设计，也不存在商业目的，更多是向公众展示历史、城市发展、地标建筑、区域建设的成就等。例如，城市规划馆、博物馆等。

图 2-42　图中模型是上海城市规划馆展出的上海城市规划模型中的外滩、陆家嘴区域。此类模型并不作为商业目的使用，而是主要向市民、游客、兄弟城市等展示上海在城市发展上取得的辉煌成就。

图 2-43　图中模型主要是为了向公众展示浦东国际机场作为上海重要交通枢纽的建筑与规划设计成果。

第3章 工具、设备、材料、场所

制作建筑与环境艺术模型的主要材料有一定的常规性。制作不同阶段的模型分别有适合的和被普遍使用的材料，这些材料将在本章中详细介绍。但我们希望告诉正在就读相关专业的学生们，不要拘泥于材料的限制，利用一切可以利用的材料，激发出对模型制作的热情，刺激自己的想象力，利用模型激发更多的创意思维。

常规模型材料需要依据以下几点选择，并根据设计对应模型制作所处的阶段（草图模型、深化模型或成果模型）进行挑选：根据手边现有可使用的工具或设备进行挑选；根据个人的制作工艺水平以及对材料处理及搭配的经验进行挑选；当然，有时挑选材料也会根据个人对材料的喜好和偏爱。

对于模型制作的“老手”们来说，每种工具和材料的特性都能熟识并掌握，并且在看到图纸时就能比较准确地预估出用哪些材料制作该模型。但对于刚刚接触模型制作的学生们来说，材料的选择和运用常会遇到很多“纠结”。这需要在平时的学习中做好收集和积累工作。

例如，多调研相关的材料市场，随手带好相机和纸笔，用笔记的方式记录材料的颜色、质感、厚度、幅面大小，同时用相机或手机记录下该材料的外形，询问并记录该材料所需的加工工具或设备。这种积累对于制作经验不丰富的同学们来说是十分必要而有效的。

再例如，平时多注意相关展览和国内外高校的优秀模型，研究其使用的材料以及材料搭配，并尝试吸取“精华”运用到自己的模型制作中，这种模仿和参考对提升模型制作能力同样有效。

这里还必须提到制作中各个环节的安全。这包括：了解每种工具的使用方法以免制作中被割伤，了解每种材料适用的工具及设备以免损坏材料和机器，材料和黏结剂可能发生化学反应（有些时候材料和溶剂、溶剂和溶剂都会发生较强的化学反应并散发有毒气体），注意研磨或打磨时的碎片、粉末可能对眼睛和呼吸道造成伤害。

图 3–1　图中是出售模型材料的店铺。在学习制作模型的初期，可以多调研模型材料市场和商店。这些地方有比较齐全的制作材料，可以从中了解更多的材料种类和同种材料的不同规格。有时也可能意外找到很多并不认识或熟悉的小型配件。

图 3–2　学习模型制作应在课余时间多去参观国内外建筑、景观、规划等专业的设计展览。这类展览通常都会有配套的实体模型展出，很利于拓展思路。

3.1 工具、设备

根据模型制作的流程，可以将工具分为以下六个类别。值得一提的是，选择高品质的工具将利于更好地完成各个环节的制作。同时，利落地切割、精细地打磨、快速地焊接，也会在辛苦制作时，让人多一份愉悦的心情。

●测量、画线、转绘：比例尺、丁字尺、钢尺、三角尺、量角器、圆规、游标卡尺等。

●切割、钻孔：切割垫板、各种剪刀、美工刀、钢尺、铁剪、各种侧剪、各种规格的钻孔器、钢锯、木锯、切管器（可更换切割金属管和PVC管的不同刀头）、45° 切刀、切圆器、电钻等。

●打磨、抛光：各种规格的锉刀、平锉、扁锉、圆锉、各种粗细规格的砂纸等。

●固定、对齐：图钉、大头针、各种规格的镊子、回形针、老虎钳、台钳等。

●焊接：有各种配件的小型电焊。

●着色：各种规格的板刷、水粉笔刷、圆头笔刷、牙刷、调色盘、调色盒、喷笔、喷枪、压缩机、防水胶带等。

模型制作时用到的设备包括桌面适用的小型、微型设备和中大型加工设备。

●电热切割器：主要用于切割聚苯乙烯类材料。根据制作的需要可以切割直线、曲线、圆及建筑立面的细部。操作较简便。适用于制作用以研究初步方案的草图模型。

●圆锯机：制作建筑与环境艺术模型常用的有小型圆锯机和微型圆锯机。圆锯机主要用来切割木板类材料。适合切割较薄的木板和小木方。质量更好些的进口设备还可以完成聚苯乙烯和有机玻璃的切割。注意，尽可能选择薄且坚硬的金属锯片，这样有利于切割，同时，要注意锯片的保养和更换。该设备工作时需配备吸尘装置。适用于草图模型及深化模型。

●小型圆盘打磨机：该设备适合将手工或机器切割的木质零件进行打磨、抛光处理。使用时需要配备吸尘装置。适合在概念模型或深化模型中使用。

●台钻：制作模型常用到的台钻有微型台钻和小型台钻。分别能够钻0.5 ~ 3 mm和1 ~ 10 mm的孔。使用时建议配备吸尘装置和老虎钳（老虎钳有时用来替代手拿捏材料）。微型台钻上的钻，可独立拆卸并单独作为微型电钻使用。制作草图模型、深化模型和成果模型都可以使用。

●台钳：台钳是工程装修中常常被用到的小型设备，也是模型制作必备的设备。它是用来将一个或多个被切割好的材料固定，进行统一打磨、抛光、磨边等的小型设备。在草图模型、深化模型、成果模型中都可能会用到。

●空气压缩机：该设备是气动工具的压缩动力源，也是射钉枪、喷枪等的动力源。

●数控加工设备：数控技术是指用数字代码或文字符号来对一台或多台机械设备发出数字指令，从而控制设备进行加工的技术。当前，主要的数控设备有数控铣床、数控激光切割机、三维打印机。这些数控设备的详细介绍见本书第7章。

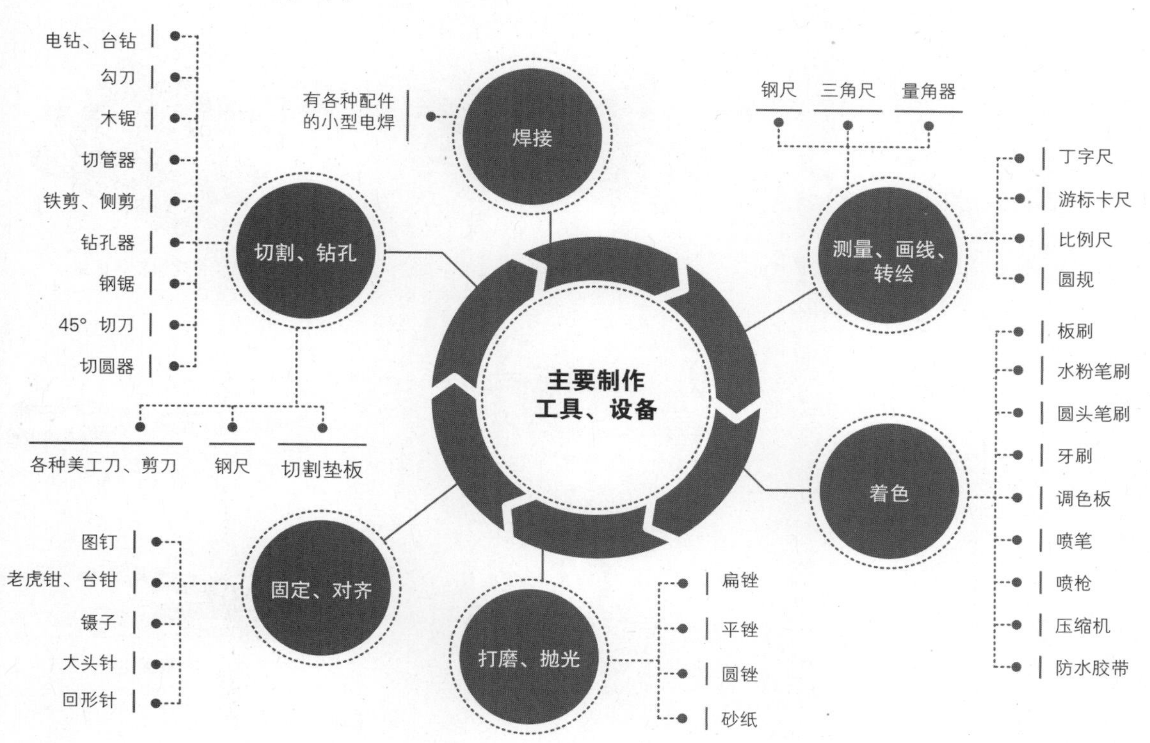

测量、画线

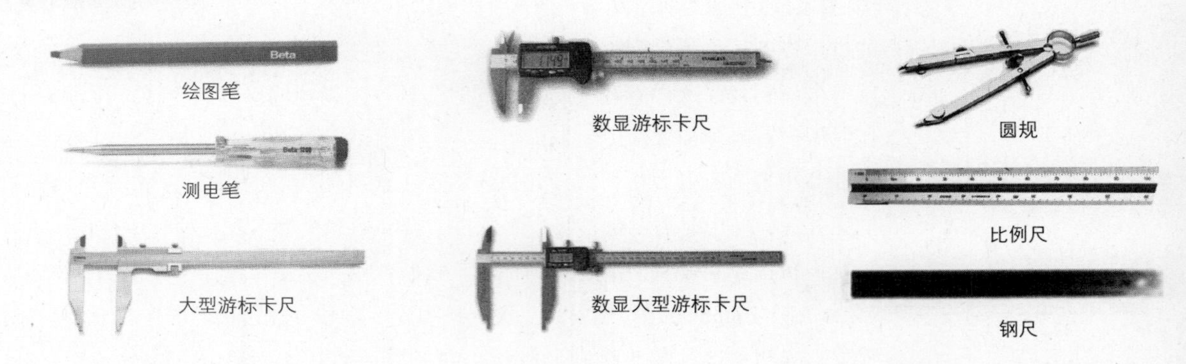

绘图笔　数显游标卡尺　圆规

测电笔　比例尺

大型游标卡尺　数显大型游标卡尺　钢尺

固定、钻孔

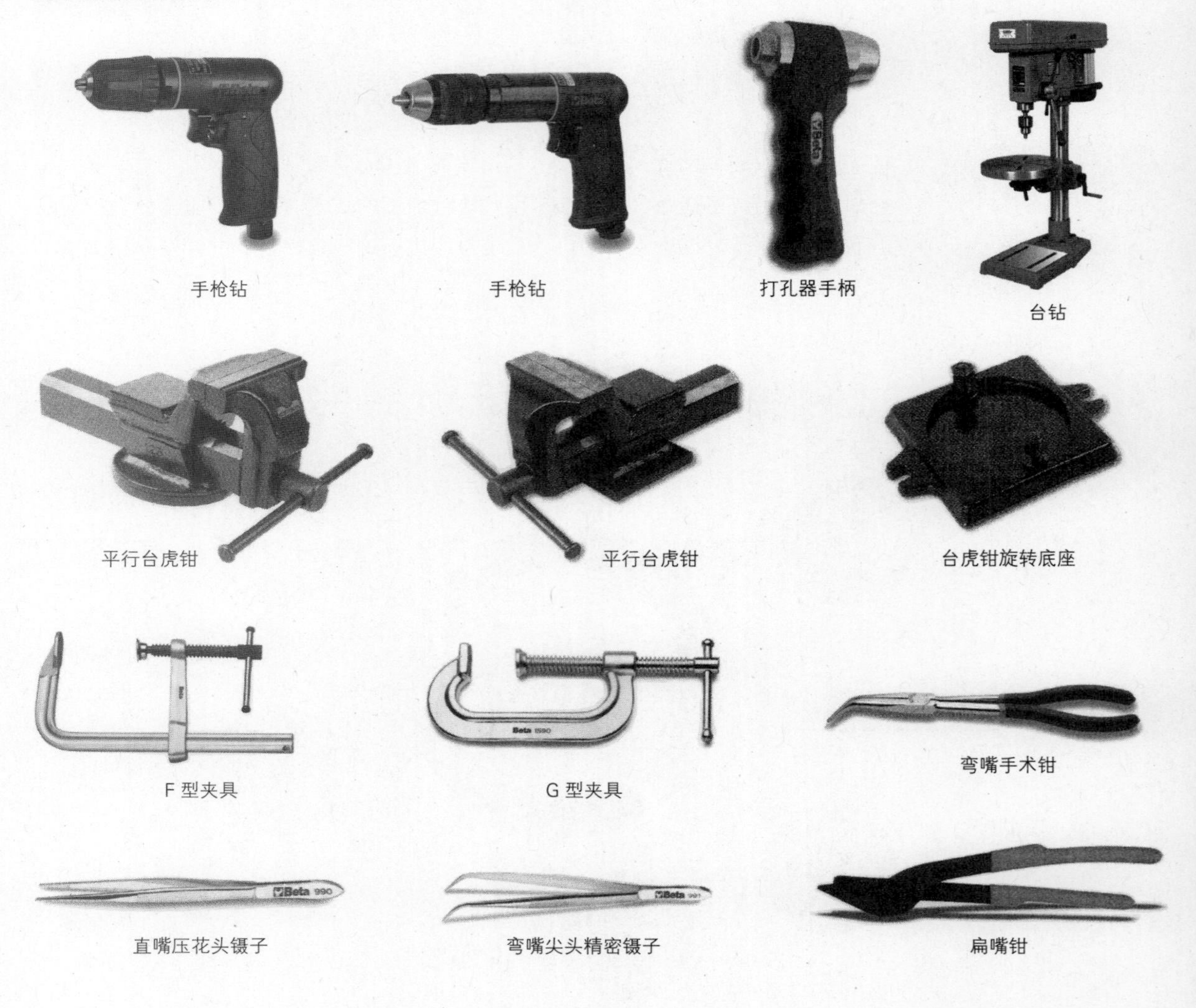

手枪钻　手枪钻　打孔器手柄　台钻

平行台虎钳　平行台虎钳　台虎钳旋转底座

F 型夹具　G 型夹具　弯嘴手术钳

直嘴压花头镊子　弯嘴尖头精密镊子　扁嘴钳

■切割

金属手柄美工刀　美工刀　勾刀

手术刀　美工刀　不锈钢折叠刀

45° 切刀　塑料手柄切圆刀　切圆刀附件

重型剪刀　轻型剪刀

木工板锯　铝合金锯　迷你锯

铝合金方管锯弓　塑料用锯　单柄锯弓

多功能剪刀　直头窄口铁皮剪　多用剪刀、不锈钢直刀刃

电热丝切割器

型材切割机　曲线锯　管割刀

打磨、抛光

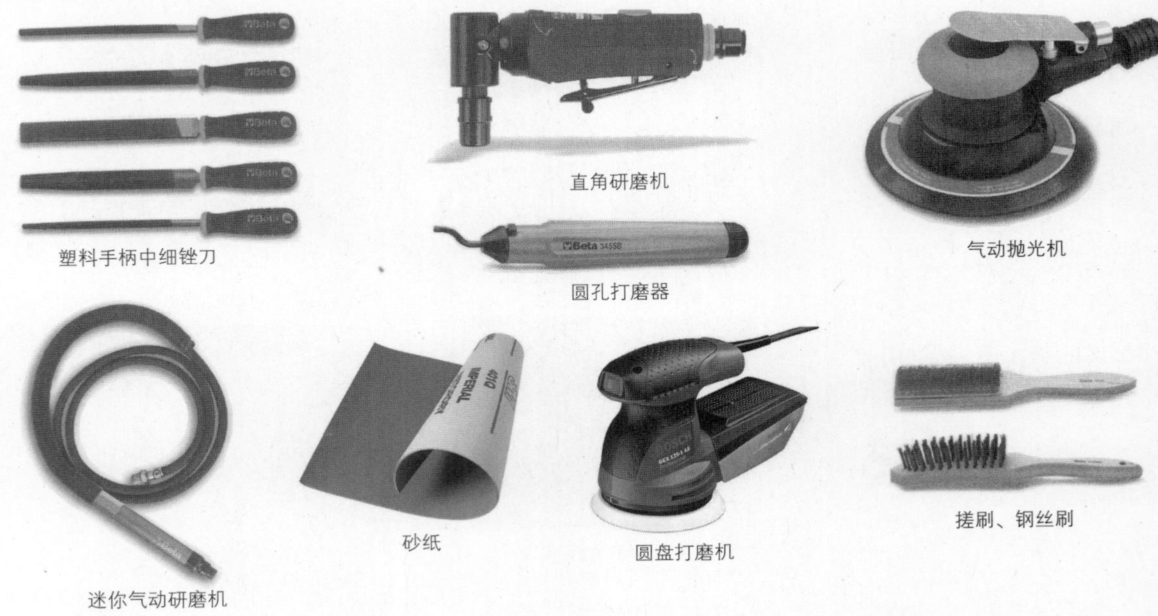

塑料手柄中细锉刀

直角研磨机

圆孔打磨器

气动抛光机

迷你气动研磨机

砂纸

圆盘打磨机

搓刷、钢丝刷

着色

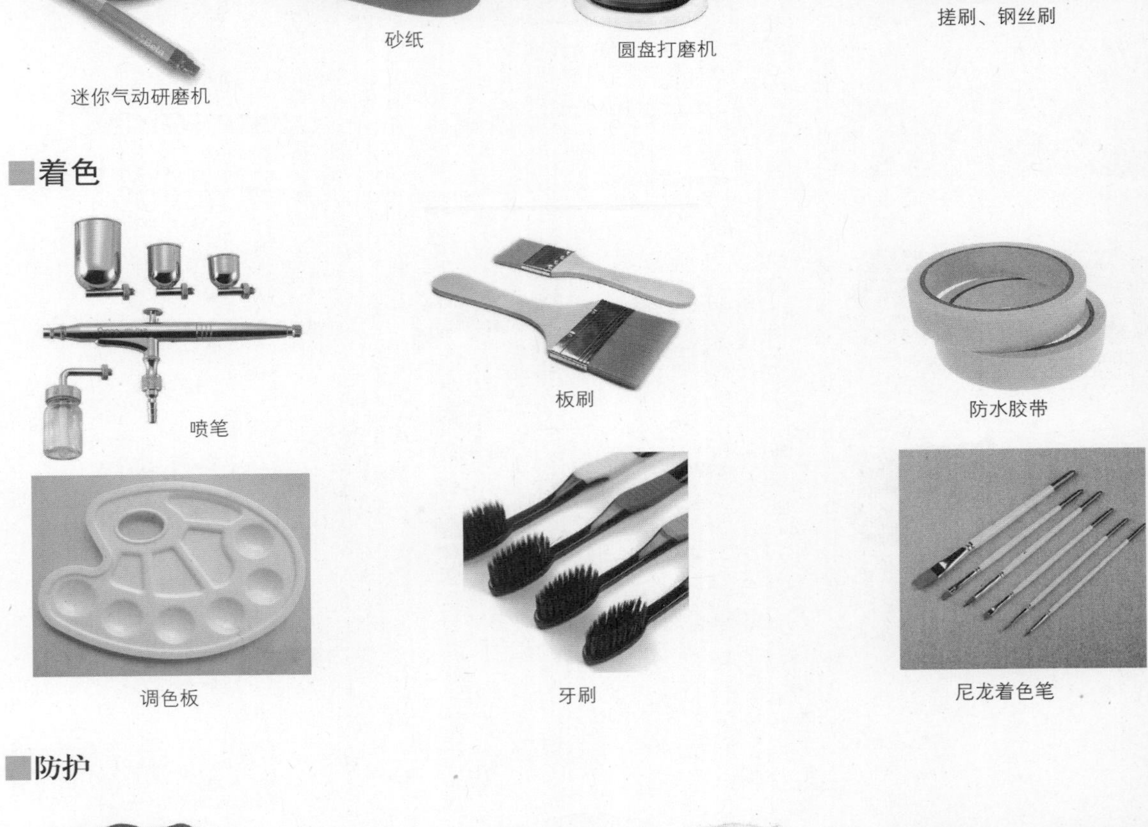

喷笔

板刷

防水胶带

调色板

牙刷

尼龙着色笔

防护

专业级护眼镜

深色防护镜

防尘口罩

浅色防护镜

3.2 材料及适用范围

3.2.1 纸和纸板

纸和纸板很适合制作草图模型，为建筑及环境艺术设计方案的研究、推敲提供便利。它们种类繁多，并有多种可选择的厚度、规格和颜色。纸和纸板的价格较低，且容易加工，容易变更。常被使用到的纸和纸板包括：打印纸、卡纸、厚纸板、瓦楞纸、瓦楞纸板等，以及仿其他材料的纸张。

打印纸有多种克数，制作者可以根据制作模型的需求选择各种重量的纸张。我们在复印或打印时通常使用的是75 ~ 80 g /㎡的纸张，可以将它作为选纸的参考。打印纸并不是最常规的备选材料，打印纸软、薄的纸质决定了它作为模型主材的局限性，但这也使它有更丰富的可塑性。用作方案设计创意阶段的推敲是不错的选择。

卡纸一般在200 ~300 g /㎡，厚度约为0.5 ~ 1.5 mm。在市场上很容易买到的是黑卡、灰卡和白卡纸。

厚纸板的厚度从1.5 ~ 4 mm不等，可选的颜色包括黑色、白色、灰色、咖啡色等。厚纸板有不同密度之分，相同厚度时，密度越大的厚纸板越不容易手工切割，但也更结实。密度稍小的厚纸板能满足模型制作的要求，又便于切割，是不错的选择。

瓦楞纸正表面带有波浪纹理，并且很容易进行弯曲。根据规格不同，有大小波浪纹理之分，可选择的颜色包括白色、银灰色、黑色、咖啡色及其他颜色。适合根据比例做建筑外墙或示意其他装饰材料。

瓦楞纸板是单面或双面纸板中间夹有小波浪纸板的纸质板材。它兼具弯曲和挺立的两种性能，土黄色居多，故比较适合用来制作模型的地形。

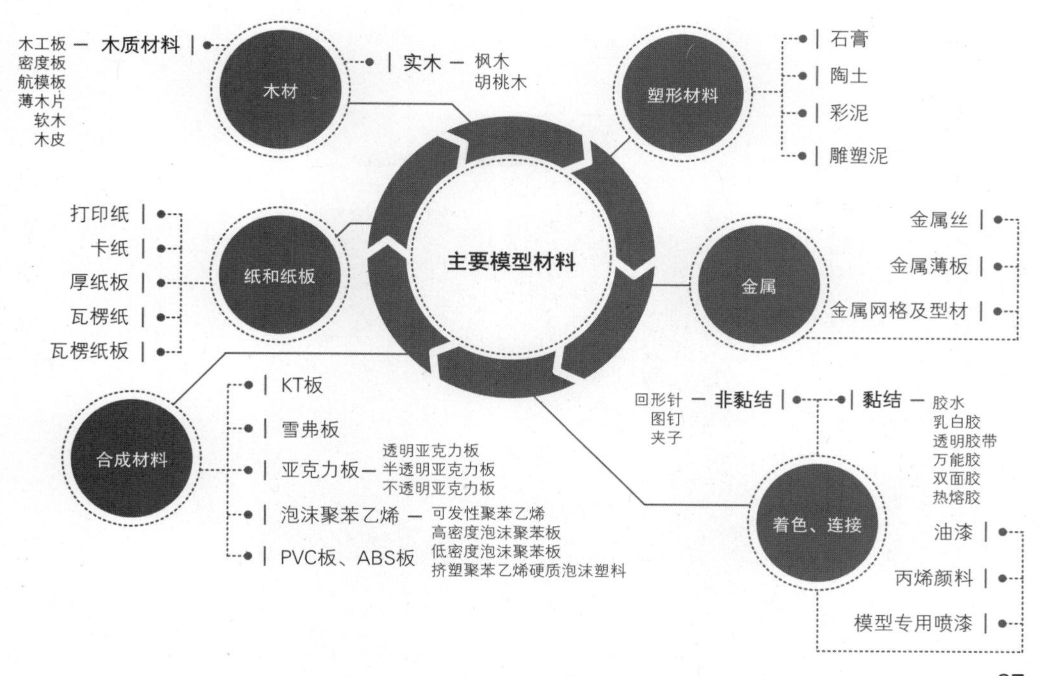

图 3–3　从上至下依次为：白色打印纸、黑色薄卡纸、土黄色厚纸板、瓦楞纸、牛皮纸、中厚纸板、厚纸板。

图 3–4　瓦楞纸板。

图 3–5 ~ 3–6　将绘制好的图纸转印到厚纸板上，或者在厚纸板上用三角尺、比例尺直接绘制建筑的各个立面及平面。绘制完毕，开始进行厚纸板的切割。需要说明的是，图中的切割使用了透明亚克力的三角尺，但多数情况下会使用钢尺进行切割辅助。

图 3–7　错误切割，切割时不可将刀片推出过长且直立入刀。

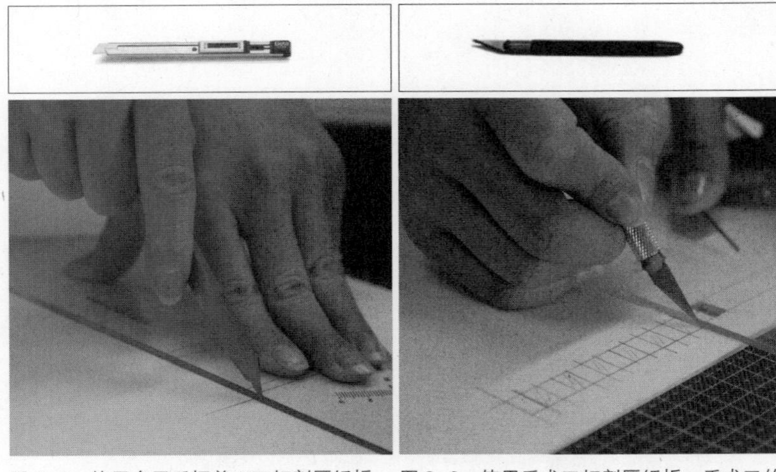

图 3–8　使用金属手柄美工刀切割厚纸板，这种较窄的美工刀通常是 30° 的刀片。

图 3–9　使用手术刀切割厚纸板，手术刀的刀片通常小于 30° ，较适合在纸或纸板上切割较细小的块。

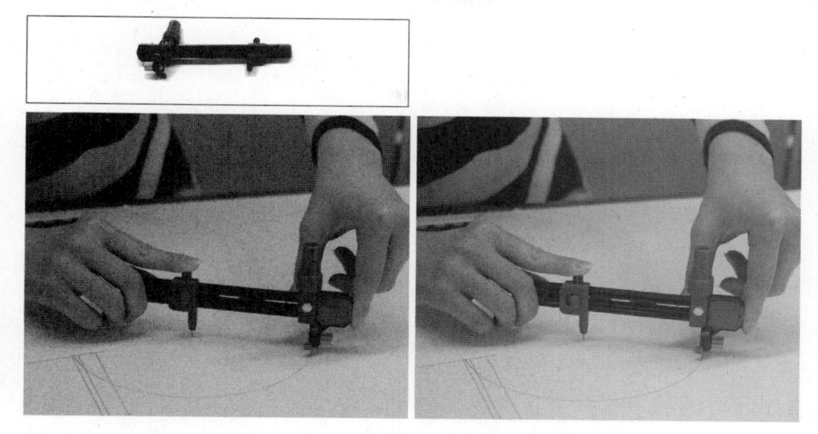

图 3-10 ~ 3-11　切圆刀的种类和品牌较多，选择时可根据品质和价格进行挑选。使用时需要先在纸板上绘制出待切割的圆形或圆弧，然后进行切割。

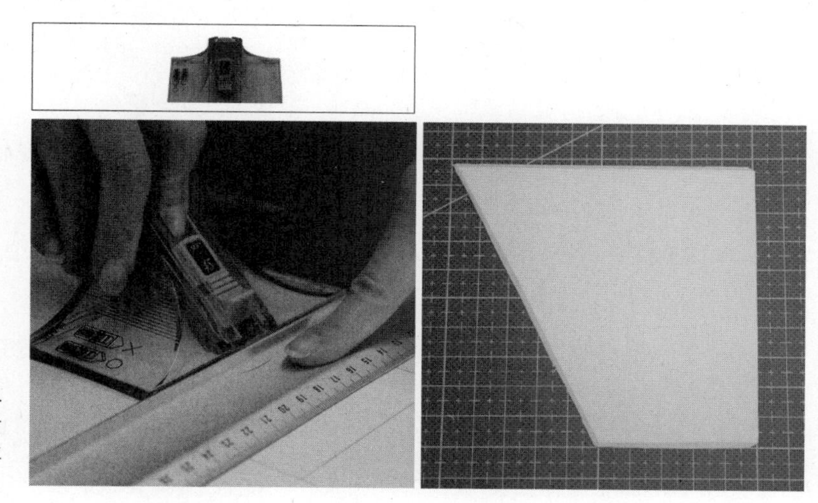

图 3-12 ~ 3-13　用 45° 切刀切割的各个边都是和桌面成 45° 角，有时在组装时需要无断面裸露，这就需要两个 45° 的立面边缘进行粘贴。

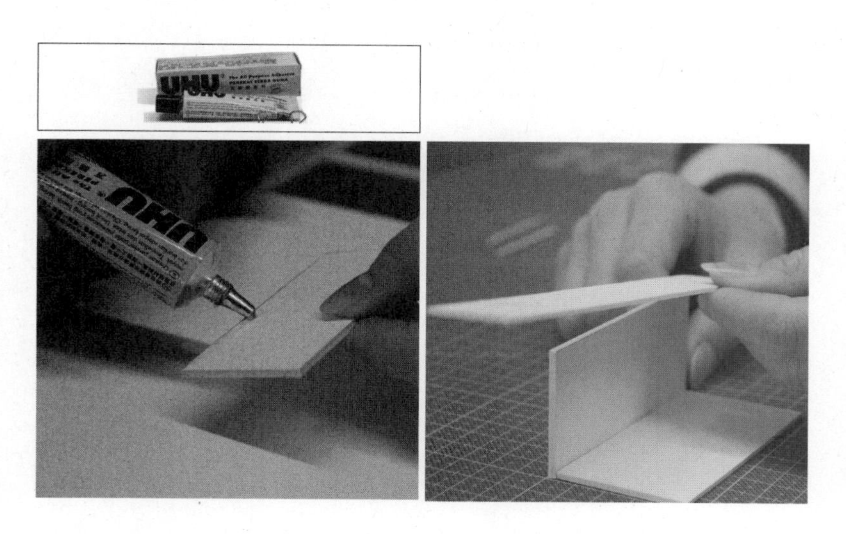

图 3-14 ~ 3-15　厚纸板的粘贴示范图。

3.2.2 合成材料

合成材料主要指泡沫板、PVC板、ABS板、亚克力板、KT板、雪弗板等通过某些化学合成方式制成的材料。这些合成材料根据其精致度和加工难易程度可以区分为适合为方案初期制作草图模型，为设计修改阶段制作深化模型，以及为呈现设计效果制作成果模型。

●泡沫板也叫泡沫聚苯乙烯：泡沫聚苯乙烯属于塑料的一种，是化工材料加热发泡制成，是制作建筑与环境艺术模型很常用的材料之一。常用的模型材料厚度通常在10～30 mm。泡沫聚苯乙烯材料包括挤塑聚苯乙烯硬质泡沫塑料、可发性聚苯乙烯、高密度泡沫聚苯板、低密度泡沫聚苯板。该类材料质地相对粗糙，因此，多用于制作方案构思初期阶段的草图模型。

●PVC板：PVC板比ABS板质地相对较软，表面光滑，不易受潮变形。常用厚度为1～12 mm 。根据板材的厚薄程度，可选择手工切割或机器及数控设备切割，很适合制作深化或成果模型。例如，建筑的立面、楼板等。

●ABS板：ABS板也是制作建筑主体的合适材料。表面精细、硬度高，适合制作对精致度要求较高的成果模型。常用厚度为0.5～5 mm。ABS板由于硬度高，通常选择用机器进行切割，在需要时表面可进行喷漆着色，适合制作深化或成果模型。例如，建筑内外墙体。

●亚克力板：亚克力板有多种颜色选择，也有透明、半透明、不透明之分。在模型制作中可以作为建筑主体独立使用，也可以配合其他材料，用于制作建筑的窗体等。常用厚度为1～8 mm。薄的亚克力板很容易被手工切割，厚的亚克力板需要借助机器或数控设备进行加工。适合制作深化或成果模型。

●KT板：KT板是学生制作草图模型最常用的材料之一。它易于加工，制作草图模型的模型主体和等高线地形都非常适用。

●雪弗板：雪弗板是白色软质板材。模型制作中常用到的厚度为1～10 mm。可以用于制作等高线地形，其软质特征也适合用于制作模型的曲立面。

图 3–16　从上至下的板材依次为：KT 板、低密度泡沫聚苯板、高密度泡沫聚苯板。

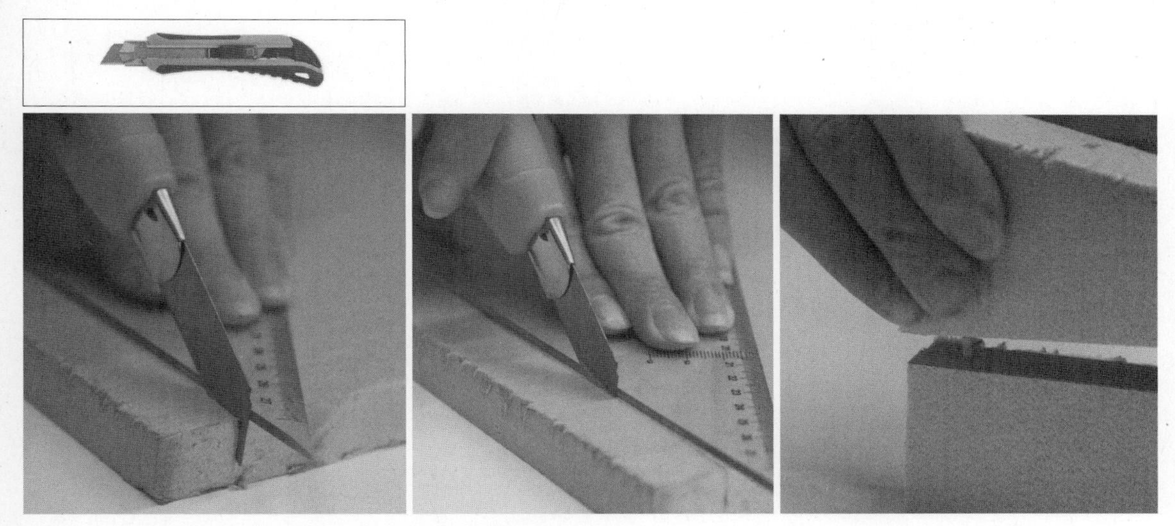

图 3–17 ~ 3–19　高密度泡沫聚苯板可以使用普通美工刀进行切割。

图 3–20　各种厚度的 PVC 板。

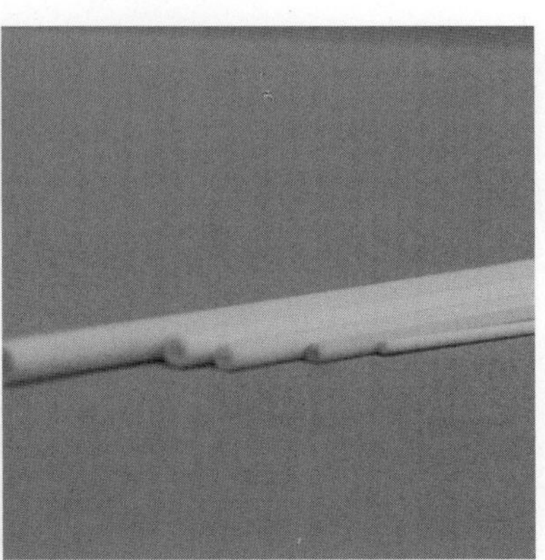

图 3–21　直径不同的 PVC 管。

图 3–22　透明亚克力薄板。

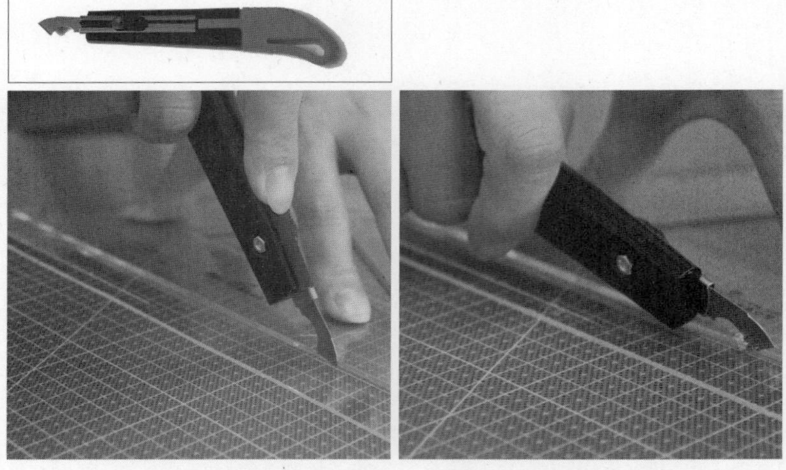

图 3–23 ~ 3–24　除了透明亚克力薄片之外，透明亚克力板的切割通常使用勾刀来完成。在已经画线的亚克力板上用刀尖划出清晰且深的划痕，然后用勾刀进行切割。

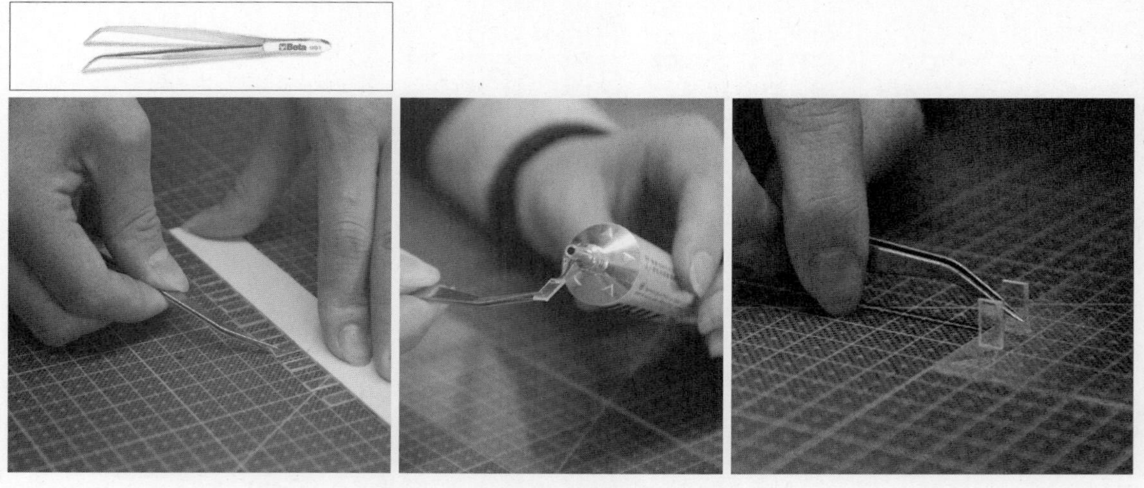

图 3–25 ~ 3–27　当遇到小块透明亚克力板时，需要使用镊子进行更精细的固定和粘贴。

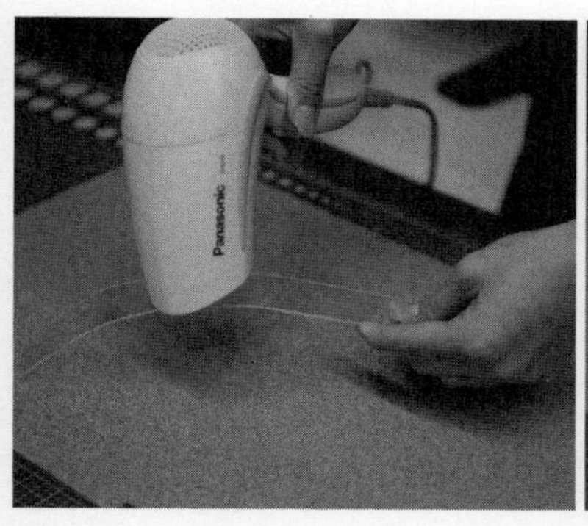

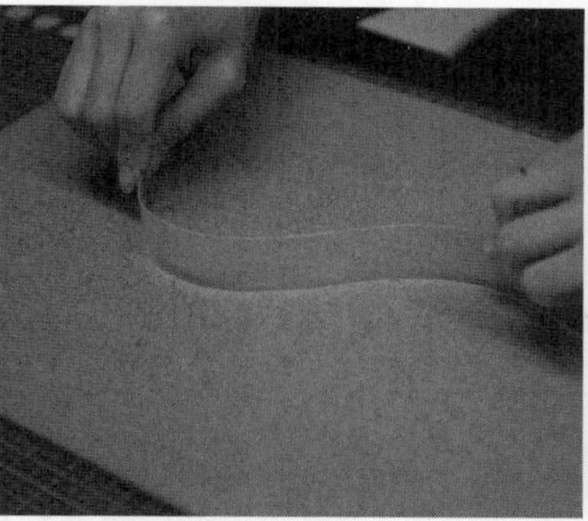

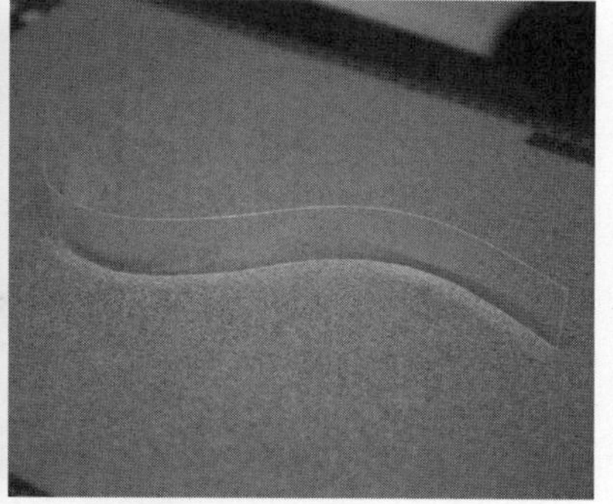

图 3–28 ~ 3–30　适合于制作曲面的透明亚克力板通常厚度在 1mm 及以下。图中的透明亚克力板为 1mm。

3.2.3 木材

木材在模型制作中十分常用，因为它们有较好的稳定性，且通常比较坚固。制作建筑与环境艺术模型使用的木材主要包括两类：实木材料和木质材料。

实木

实木带有树木天然的纹理和自然的质感，但实木的纹理有时也可能成为障碍，影响到模型所设定的制作比例。所以有时在进行制作前要进行打磨、着色。但这也会从某种程度上破坏了选择实木的初衷。能够挑选到木纹比例适合的实木材料，将天然纹理和质感运用到模型中是很幸运的，会使模型更加生动。

木质材料

木质材料被广泛使用。这些材料有的坚固性强、自重较重，能够承受较大压力；有的质地较轻，较薄，容易被折断。因此，对于木质材料，需要模型制作者综合多方面因素进行挑选。

●木工板：木工板是用木棍或小块木材等拼合，表面覆盖夹板制成的板材。制作模型的常用厚度为15 ~ 35 mm，通常用来制作模型底盘、边框或重要的梁柱，适合当受力部分使用。

●密度板：模型制作中通常会用到中密度板。该板常用厚度为3 ~ 12 mm。可以制作模型主体、底盘或边框。

●航模板：航模板质地细腻，重量较之木工板和密度板都轻很多，常用厚度为3.5 ~ 8 mm，是制作模型主体、场地等很好的材料。

●薄木片：薄木片常用厚度为1.5 ~ 3 mm，宽度通常为100 ~ 300 mm，质地较轻，常用于制作模型中的建筑主体。

●软木：软木是模型制作中常用的材料，是木材被粉碎后制成的新板材。

质地很软，易弯曲，切割方便。常用厚度为3 ~ 8 mm，可用于制作地形或建筑环境主体。

●木皮：木皮作为表面贴面材料，常用厚度为0.5 ~ 1 mm，有多种纹理可供选择，常用于模型立面表层的效果处理。需要注意，选择时要充分考虑纹理尺寸与模型制作比例的吻合。

图 3-31　圆柱形木棍。

图 3-32　从上至下依次为：窄木片、宽木片、木皮、软木、航模板、白色木板、深褐色木板。

图 3-33　各种宽度的木片和粗细不同的木条。

图 3-34　木片、软木及各种厚度的木板材。

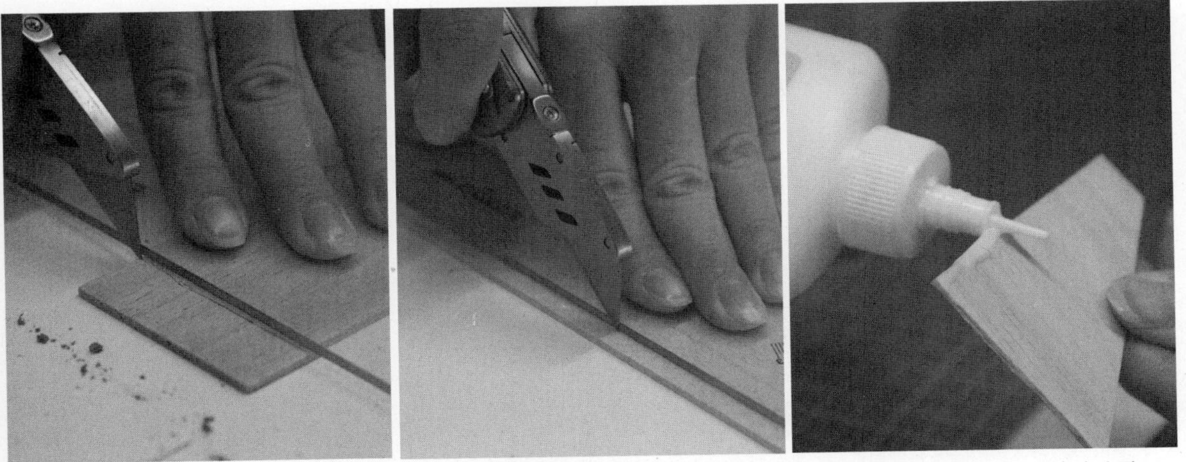

图 3–35 ~ 3–37　在进行切割时尽量不要垂直于木纹切割，较合适的方法是顺着木纹理进行切割，入刀时要轻、慢，以免木片裂开。木片的黏结可以使用质量较好的乳白胶。

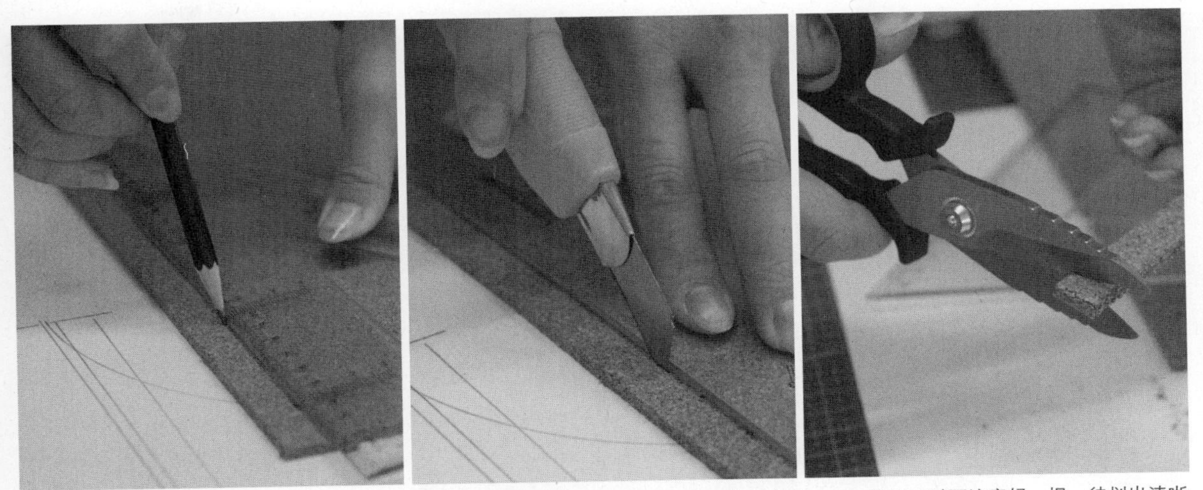

图 3–38 ~ 3–40　软木的质地较软，使用铅笔就可以进行画线，切割时可以使用普通的美工刀。但入刀时要注意轻、慢，待划出清晰的划痕再进行用力切割。小块的软木可以通过剪刀剪切获得。

3.2.4 金属

在模型制作中，金属丝、金属薄板、金属网格、金属型材等都是制作结构或建筑外观、栏杆、扶手等的好材料。尤其是金属丝和网格是研究结构和进行创意设计的好手。常用的金属材料包括铁、铜、铝等，需要相应的切割、钻孔工具，且需要格外注意加工时的安全防护。

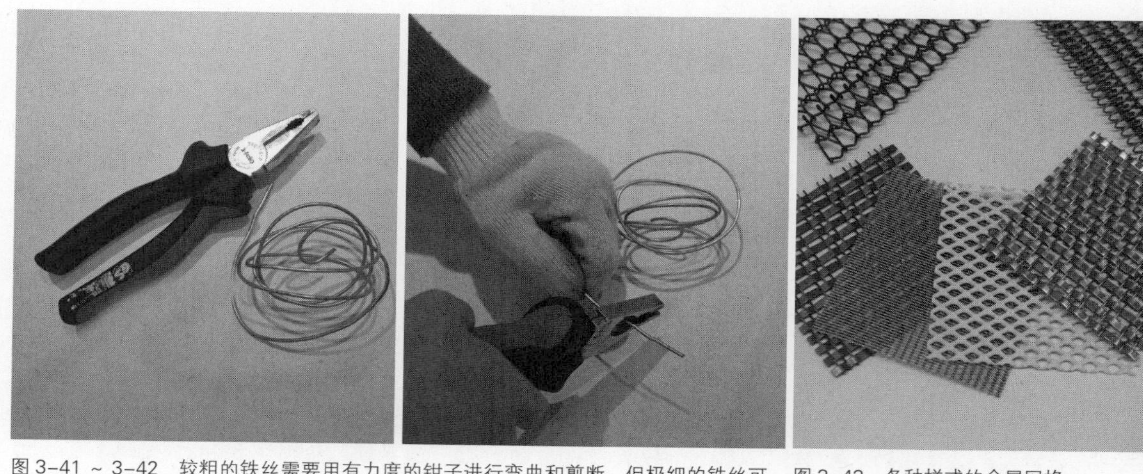

图 3–41 ~ 3–42　较粗的铁丝需要用有力度的钳子进行弯曲和剪断。但极细的铁丝可以使用剪刀进行剪切。

图 3–43　各种样式的金属网格。

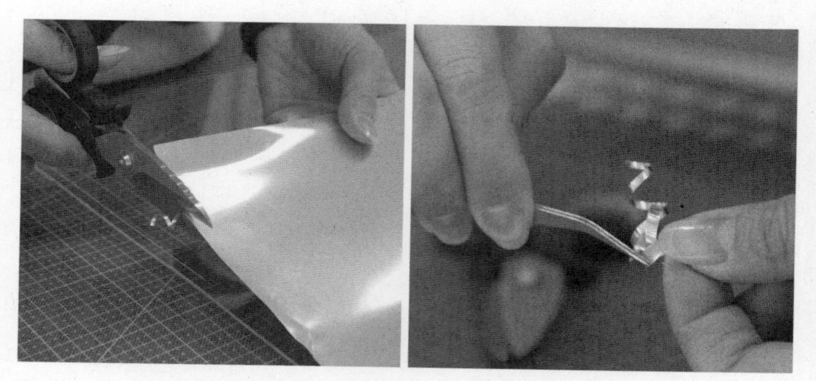

图 3–44 ~ 3–45　使用多功能剪刀剪切铝皮制作抽象树木。

图 3–46 ~ 3–48　利用手边可使用的圆柱物体可以将铝皮弯曲成需要的弧度，用来制作模型的曲面。

3.2.5 塑形及其他材料

在模型制作中，通过浇注或手工塑形来完成的模型也常被使用。即使三维打印机被发明并广泛应用，但石膏、陶土、彩泥、雕塑泥等塑形材料依然被设计师青睐。因为他们可以不借助更多工具，用手直接塑造要制作的形态，也更容易进行修改。这类材料比较适合初期的方案设计阶段。

石膏浇注通常使用模具进行操作，适合用来表现地势形态和曲面及异形建筑形态。

陶土、彩泥、雕塑泥等材料设计者手工即可塑形，可以较快速地塑造出初步的创意形态和构思，非常适合在设计初期，作为创意构思的辅助“道具”。

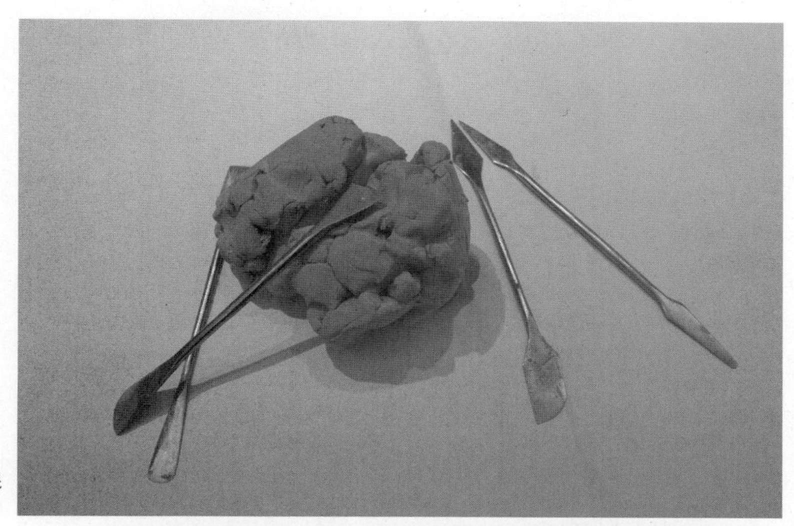

图 3-49　雕塑泥和加工雕塑泥用的各种雕塑刀。

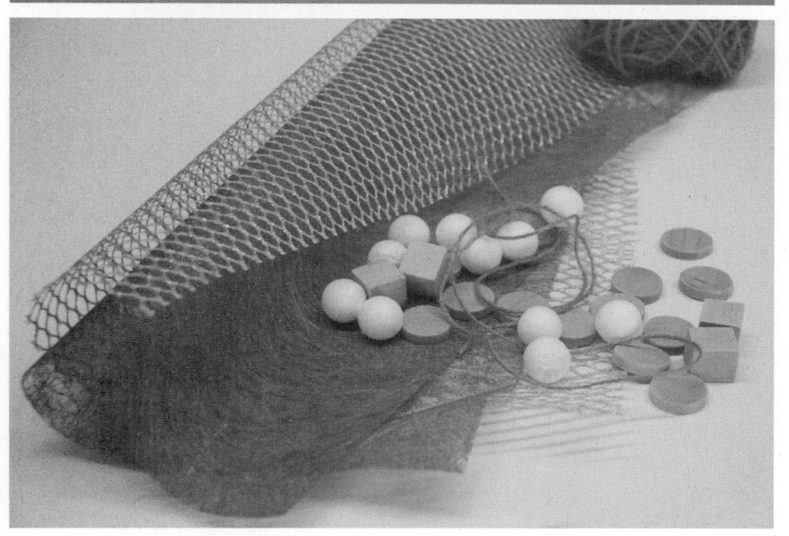

图 3-50　可以在模型中被使用的多种材料及型材。

图 3–51　各种型材及各种颜色的植绒粉。
图 3–52　各种式样的家具型材。

图 3–53　可供各种比例模型使用的人物型材。

3.2.6 着色及连接材料

着色材料

利用材料本身的颜色和质感制作模型，是最方便也是最有意义的。但有时根据设计，需要对模型进行部分或整体着色。普遍使用的着色方式有颜料手绘着色、调色并使用喷笔喷涂着色、专业模型漆着色等。经常被用到的颜料包括丙烯颜料、普通油漆、金属漆、亮油、硝基漆、进口模型专用漆等。模型制作的初学者需要注意，着色前需要取待用材料在表面进行试验，确认着色剂与材料无有害反应。同时，通常需要对某些材料表面进行打磨及清洁。喷漆时需要做好相应的防护，以免颗粒物被吸入。

图 3–54　丙烯颜料、透明模型专用喷漆、白色模型专用喷漆。

连接材料

连接材料可以分为黏结和非黏结两种方式。

黏结，是通过各类型化学胶剂将材料和材料结合面粘贴起来。如万能胶、502胶粘剂、胶水、乳白胶、建筑胶、热熔胶、喷胶等。不同的胶有适合黏结的材料，有些胶的化学成分会和材料发生反应，这些都需要模型制作者在日常学习中多积累经验，在实际制作中提前做好试验。

非黏结，有时材料间的连接也可以是非黏结式的。例如，使用图钉、回形针、夹子、订书器等进行连接和固定。这类固定方式通常被用于草图模型，便于快速对模型进行构建，记录下设计并表现出创意思维而非精致的做工。

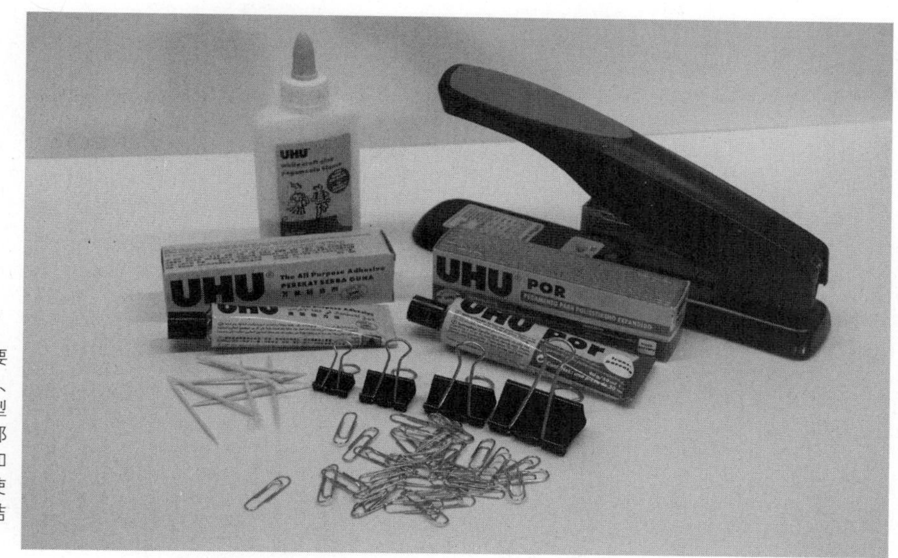

图 3-55　在选择连接材料时要注意使用的阶段，回形针、夹子、透明胶、双面胶等适合草图模型阶段使用。万能胶在各种阶段都可以使用。但需要注意有些胶和材料的化学反应，在特殊材料使用前，尽量用边角余料做个黏结试验。

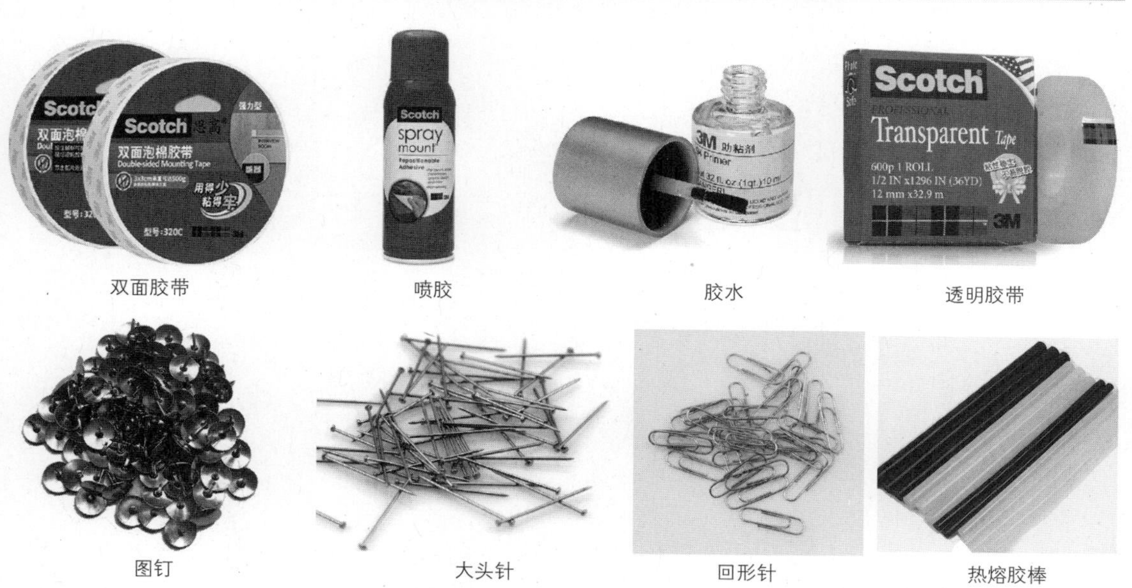

双面胶带　喷胶　胶水　透明胶带

图钉　大头针　回形针　热熔胶棒

3.3 模型制作场所

专业的模型制作机构有很大的工作场地。图纸画线及转印、切割（包括手工切割和设备加工）、着色、黏结、配件及后期整体环境加工的每个环节都可以在相对独立的空间内进行。模型公司很多也使用流水线作业。

但有时一个设计方案的模型并不是送到模型公司制作，而是由建筑师或相关专业学生亲自加工完成。这时，拥有一个能够有效开展工作的场所是十分必要和安全的。

模型制作场所的基本设施应该包括：

- 一个独立而固定的台面，能够进行绘图、画线、转绘和手工切割操作。需要配备切割垫板、丁字尺、绘图纸、绘图笔、台灯、其他尺规。
- 一个较大的、独立且配备插座的台面，用来放置小型的台式设备，例如，台钳、台钻、小型圆盘打磨机、电热切割器、小型或微型圆锯机、小型手提吸尘器等。注意，可能这样的台面不一定能有独立的空间，但要尽可能让其拥有一个独立的“角落”，而且每种设备都要保持安全距离，以免各自工作时对其他材料产生影响。
- 一个平整而固定的台面，用来简单地打磨、组装和粘贴各个材料组件。需要配备电源插座，各种类型的胶粘剂、刷子，各种规格的锉、台灯等。
- 一个设置大小格子的储藏柜，用来放置工具、材料及工具耗材（例如，替换用的刀片、锯条、设备上的锯片等）。

如果模型工作室使用数控设备或其他稍大型设备，需要为它们设立独立的空间。同时，工作室中需要配备相应的清扫、除尘设施，水池和水源，尽量满足同时使用需要的电源接口和稳定的电压。

图 3-56　桌面下边的抽屉和空间可临时放置制作时所需要的工具以方便使用。

图 3-57　带锁的抽屉可以安放切割好的材料部件以及小型的工具。

图 3-58　专门用来放置工具的工具储藏箱。

图 3-59　可以随身携带的工具箱，能够放置小型的备用工具。

图 3-60　推拉方便的双层工具放置架。

图 3-61　推拉方便的三层工具放置架。

一般来说，目前国内的艺术设计院校和设立建筑、景观、城市规划专业的院校大多建立了专业化的模型工作室，很多学校甚至引进了各类数控设备。对于学生的建筑与环境艺术模型制作课程，从建筑方案的创意设计，模型制作的全过程，到简易影棚内的模型摄影，最后到模型展示及陈列通常都可以在工作室里完成。

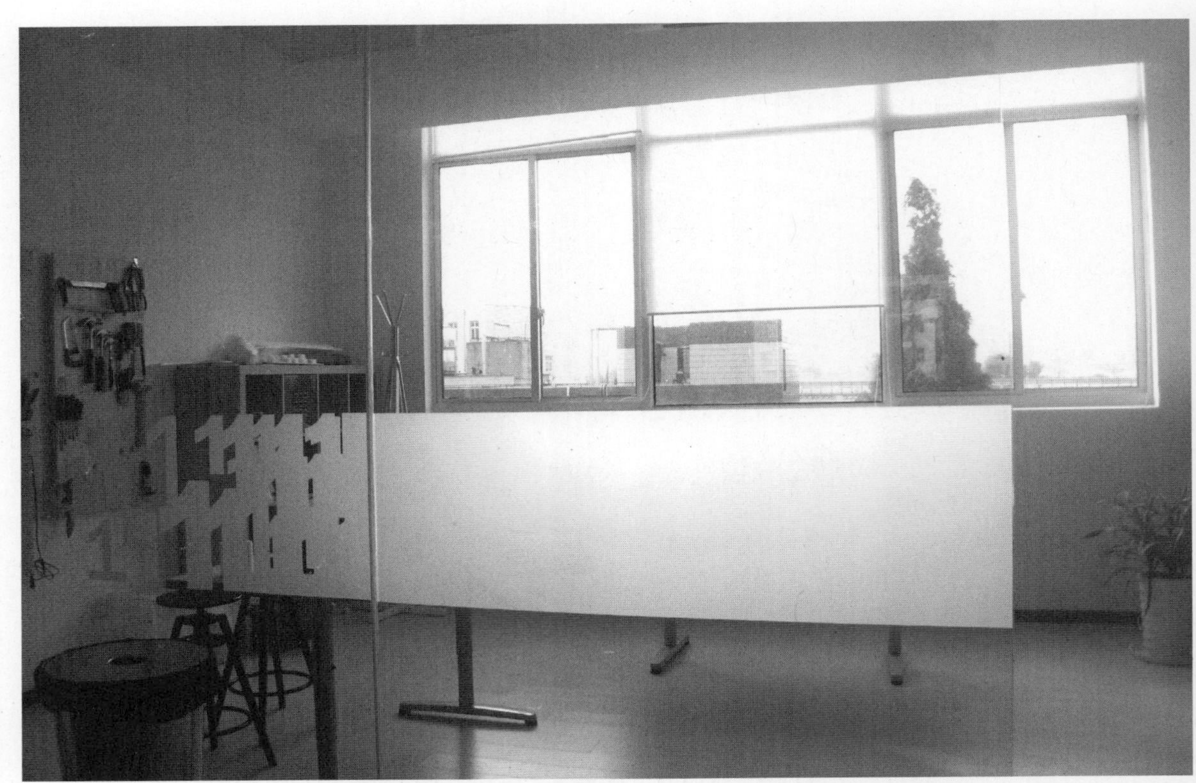

图 3-62　模型工作室中的工作间有独立的空间，房间中有制作模型的较大工作台面、有放置工具的储藏柜及悬挂板，并配置了垃圾桶、衣架等。

图 3-63　课程结束后，学生可以在模型工作室中的制作教室里进行设计和模型制作交流及展示。

第 4 章 模型制作前的策划

4.1 整体定位

“三思而后行”对于制作建筑与环境艺术模型同样适用。在“开工”之前，需要考虑关于此次制作的各项事宜。

（1）模型制作的目的

准备制作这个模型是为了何种目的，研究建筑结构还是研究“外表”？突出场地内的建筑主体还是场地内的整体规划？传达出哪些设计理念和创意亮点？

（2）模型制作的类型

是用很“概念的”表现形式呈现还是很写实的？是一个完整固定的模型还是其中的很多部分可以被拆开而用于研究？只能观察到建筑的外观，还是局部以剖面的方式呈现？这些问题的提出决定着很重要的选择——选用什么材料、单色还是彩色、使用什么工具、是否需要大型设备？

（3）“给谁看”

确定制作完成的模型是用来展示给公众，还是给专业的设计师同行用于交流，或是向业主及政府职能部门汇报？模型是单独上交，还是汇报时配合讲解说明？

（4）确立比例

预计选用的底座面积有多大？制作的模型比例是多少？

（5）准备工作

所有制作模型所需要的图纸文件都齐全吗？选择的主要材料齐全吗？模型中可能会用到的小配件有灵感吗？工具都准备好并且很锋利了吗？所需的机械设备都可以准确操作用来加工模型吗？

（6）工作流程

制作过程中应该遵守什么样的程序？如果某个材料需要多次加工，那么采用什么顺序更有效？如果不止一人参与制作，那么如何进行工作分配以最大限度地提高效率？

图 4–1 ~ 4–4　这些模型是设计师在该建筑设计各个阶段过程中制作的工作模型。图 4–1、4–2 是对于该项目特殊地形特征的抽象概念分析；图 4–3 是对建筑如何植入场地及建筑动势的概念策划；图 4–4 呈现的是建筑具体形态的设计方案。4 个模型分别是设计师对建筑思考的不同时期，图 4–1、4–2 两个模型是只有设计师本人或核心团队才能读懂的概念分析；图 4–3 是对建筑群落动势和构成关系的总体思路，图 4–4 才真正表现出建筑及该群落的具体形象。针对不同阶段的模型，在制作前都应当考虑主要突出研究什么，选什么材料才能最快速、便捷地表达清楚。

4.2 构图及色彩选择

4.2.1 构图

建筑在环境背景中的构图，模型主体与周边环境的体量配比，整体模型在底盘中放置的位置，这些都是制作前要研究并确定的。构图上的策划可能不会对模型所表达的内容具有决定性的影响，但失败的构图一定会对模型的视觉表现力有摧毁性的打击。

如果从视觉艺术的角度出发，对构图的要求远不止这些，整个模型画面中点、线、面、体之间形成的疏密、主次、对比、均衡的关系，都将在模型中进行体现。例如，模型中的“树”是最常见的植物配景，树的形象在模型语言中不一定是我们对自然界的树的直观认知。在模型语言中，应根据整体模型画面的需要对“树”的表现形象进行策划，将“树”写意成高低交错的线条，或是根据建筑的体量与形态将“树”处理成大小不一的若干个“球”，抑或是将“树”做成高低变化的一片网格。此时的“树”在整体画面中不仅仅担负着树木本身的功能，也在整个视觉对象中充当了用于增加美感的点、线、面、体的构图用途。

图 4–5　图中的模型运用了较丰富的着色技巧，模型主体和底板均采用模仿金属腐蚀效果的手法，在清晰表达建筑的同时，增添了模型的视觉表现效果。模型构图恰到好处，呈现了建筑在场地中的位置，又在模型画面中体现出均衡的视觉关系。这些都是“开工”前要想好的。

4.2.2 色彩选择

如何策划将要制作的模型色彩，需要在制作开始前给予确定。

模型色彩的选择首先要依据模型的制作目的——是设计过程中的研究还是对设计阶段成果的表现。如果制作模型的目的是为了在设计过程中，对某一阶段的设计进行研究、交流，那么模型的色彩不一定是建筑及环境的固有色，可以仅仅通过实体模型来表现位置、空间、体量等关系。如果制作模型的目的是为了展现出设计的结果，那么在模型制作时，色彩的写实性将是模型表现的重要内容之一。

其次，要参考原有建筑或环境景观固有的色彩关系。例如，建筑本身是浅色或白色，那么模型制作中的色彩关系就可以选择尽量靠近原有建筑固有色的色彩。

另外，“欣赏者”有时也决定着模型色彩的选择。例如，一个在草图阶段的模型很抽象、很概念，但需要向非专业的业主进行方案演说，此时的模型色彩就需要适当选择与实际建筑或环境色彩相同或近似的颜色制作，以便于业主更好地接受和理解。

图 4–6　图中是用单一材质制作的建筑模型。该模型使用航模板，突出建筑的整体形态、建筑与场地的关系以及场地自身变化，而不是把建筑实际使用的材料和色彩作为模型表现的重点。

图 4-7 ~ 4-10　图为学生习作，是练习制作德国里昂纳多玻璃展览馆的建筑模型。模型选用了白色厚纸板和蓝色半透明亚克力薄片、灰绿色卡纸作为材料，制作的模型色彩与建筑的真实色彩尽可能相近。

4.3 材料选择及工艺

4.3.1 材料选择的原则

模型材料的选择对制作起到关键的作用。每种材料都有区别于其他材料的质感、肌理、色彩、厚度，每种材料都有自己的特色或细节特征。开始动手制作模型之前，在众多材料中选择需要和适合的主、辅材料是模型制作成功的基础。

如下内容是选择模型制作材料的几点原则：

（1）符合模型制作目的

模型制作的目的是推敲设计还是成果展示，是用于设计师内部交流还是公开汇报？材料有较大差异，制作者需要了解这些材料的属性以便挑选材料（见第 3 章中的材料及适用范围）。

（2）适合模型制作的阶段

待制作的模型是用于设计的概念方案阶段、深化阶段还是设计工作已经完毕？不同阶段的模型有其适合使用的材料。在概念设计或方案初步设计阶段，适合选择易加工、制作简便、制作速度快、成本低的材料；在深化设计及成果展示阶段，适合选择质量高、能长期储存、结实的材料。

（3）熟识材料的特性和工艺

模型制作的技巧不是朝夕就可以获得，需要模型制作者长期的积累。这些积累包括对材料的识别和属性的认识、对材料加工工艺的了解、对材料制作预期效果的经验。

（4）适合建筑及环境的色彩和材质

每种材料都有其固有的颜色和质感，选择材料时可以充分利用材料本身的物理属性，这样的操作既简便又更能体现材料本身的美感。

4.3.2 主要材料的制作工艺

纸板类

基本制作步骤为选材、画线、切割、黏结、组合。

●选材：市面上纸板种类较多，厚度和颜色均有多种选择。选定材料后根据建筑的平面、立面图纸进行分解，分别拆分成若干个面，并将这些面分别印或画在纸板上。

●画线：画线使用铅笔直接绘于纸板，或将图纸打印在硫酸纸上用铁笔转印到纸板上。注意绘制或转印时要尽可能减少误差。

●切割：切割纸板需要使用切割垫板，切割时需注意刀切入的角度，刀与纸板要垂直，不可以切割出梯形或不规则斜面。切割时要注意力度，对于厚纸板不可一次性切割，需要均匀用力，多次切割。一个面的切割顺序是从上到下，从左到右。

●黏结：黏结的方式有断面和板面连接、板面和板面连接、断面和断面连接。其中，断面和断面的连接在进行90° 相互黏结时，最好能够使用45° 切刀分别切割出断面，然后进行黏结。

●组合：用纸板制作模型时，要先制作模型的主体内容，但附带的楼梯、挑檐、围栏等部分不要在制作之初就黏结完毕，细小的部分很容易被损坏，应在建筑主体及地形、环境等都制作完毕后，一起进行组装。

木材类

基本制作步骤为选材、画线、切割、打磨、黏结、组合。

●选材：木材的种类繁多，包括了实木和木质材料。需要在确定用木材制作模型后，进一步选择用哪一种木材。如果选择实木作为模型材料，那么目的就是为了突出木材自身的自然质感和纹理。但需要注意，在挑选木材时要考虑到木纹比例和模型比例是否存在冲突。

●画线：木材类材料的画线方法与纸板类相似。

●切割：切割木材主要的工具是美工刀和木锯（暂不考虑数控切割设备）。对于木质较软的板材可以直接用美工刀切割，但也仍然要多次切割（参见纸板类切割方法）。对于木质较硬的板材则需要用木锯切割。切割时需要注意木材的天然纹理，选择顺纹理切割，特别是薄的木片，垂直于木纹切割可能会使木片折断。

●打磨：木材在经过刀或锯切割后都需要进行细微的打磨，目的是使其切割断面平整和对该面进行细微调整。

泡沫聚苯乙烯

基本制作步骤为画线、切割、黏结、组合。

●画线：泡沫聚苯乙烯的画线可以使用铁笔。

●切割：使用专用的切割工具——电热丝切割器。

●黏结：泡沫聚苯乙烯材料黏结时使用的胶粘剂要进行测试，很多胶粘剂会与其发生化学反应。乳胶是比较安全的黏结剂，但需要较长时间干燥，或可选用 UHU 专供泡沫用胶。该类材料的连接也可以选择图钉或大头针进行固定。

PVC 板、ABS 板、亚克力板

基本制作步骤为选材、画线、切割、打磨、抛光、黏结、着色。

●选材：此类材料可以在市场上购买到各种规格，购买时需要根据需求进行挑选。

●画线：此类材料采用数控铣床加工十分方便。在手工操作时，可使用勾线笔画线或直接将各立面的图纸分别转印到板材上。

●切割：PVC 板、ABS 板、亚克力板的切割要使用勾刀。在切割时要注意，先用勾刀将要切割的部分划出痕迹，再进行多次切割。最后可以轻轻折断进行板材的分离。

●打磨：PVC 板、ABS 板、亚克力板都需要在切割后对边或面进行打磨。打磨和修边可以根据实际情况选择锉、厚砂纸或薄砂纸进行。

第 5 章 模型部件制作分解

本章节用拆分的方法，将模型制作的整个环节拆分成了若干个部分，分别进行制作讲解。这些模型的各个“部分”也就是一个整体模型中的每个“部件”，了解每个部件的制作方法和技巧，将便于顺利地完成整个模型的制作。

5.1 底盘的制作

有的制作者认为在一个建筑与环境艺术模型中，底盘是“制作之外”的事情。曾经遇到过这样的情况，学生很认真地制作模型主体及周围环境，但最后随便找到一块废弃板材，不进行尺寸调整，也不考虑模型与主体材料的统一，就直接当作底盘用了，这是很不可取的。底盘是模型的一部分，是这个整体中不可缺少的一部分。底盘虽不是一个完整模型中最重要的部件，但它的选择和制作会对整体模型有重要的影响。

模型底盘的表现手法有很多种，并没有不变的教条模式，制作者可以根据模型主体或使用方式进行制作。本章列举了模型底盘制作的多种形式，但在模型制作中，远不止这些底盘样式，可以根据主体材料及风格在合理范围内拓展创意思路。

5.1.1 底盘制作的内容

底盘在模型中有其需要承担的“任务”，而不仅仅是用来放置模型主体的地方。模型底盘的制作内容包括：

（1）制作标签

以标签的形式标记出该模型的比例、指北针、项目名称、制作团队或作者。有时也可能会有附加的解说词或关键说明词。需要注意的是，所有出现在模型底盘上的文字或符号都是整个模型中的一部分，都要考虑到它们的准确性和放置位置所形成的构成美感。

（2）确立底盘的规格及样式

底盘的尺寸并非随意确定，需要根据模型主体及环境的总尺寸来进行设计。通常，为了使模型主体从整体中突显出来以及构图美观，模型中的建筑主体及周围环境配景和底盘的边缘都会有一定的间隔，间隔距离的大小可根据具体模型确定。有时，在模型主体、周边环境和底盘边缘留一小段间隔，以体现构图的完整；有时，建筑主体和底盘各边缘的间隔很大，以表现特有场地中的建筑，或有意突出建筑主体。

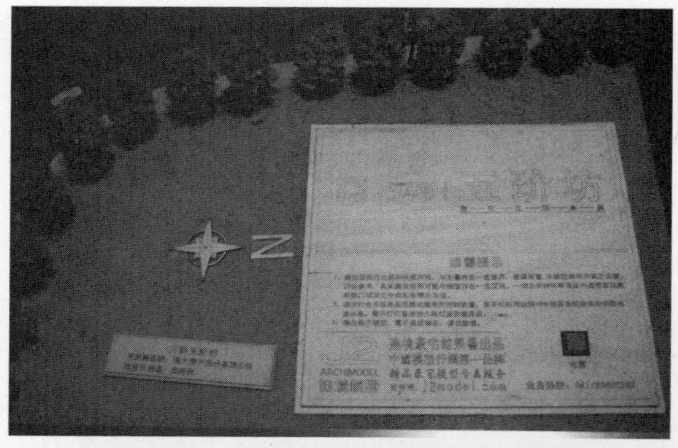

图 5-1　该图是上海万科“五玠坊”项目模型的底盘标签。标签清晰地标注模型指北针、项目名称、制作团队、模型使用的注意事项。底盘标签通常被放置在模型主视角的右下角位置。显示模型比例的标签是否和该标签放入同一位置视模型而异，此模型中的比例标签并没有放置在右下角，而是放置在模型主视角下方的正中间。

图 5-2　该图是学生很用心制作的建筑模型。但在最后将模型固定在地板上，然后将写有班级、姓名、课程名称的白色标签粘贴在蓝灰色底盘上，标签不经设计，字迹不规整，在整个模型画面上非常不协调，极大地破坏了整体模型效果。

图 5-3　该图是学生制作的景观设计模型，模型制作精良，但底盘上标注项目名称、作者、指北针、比例尺的文字的尺寸和字间距都很不考究，对整体模型效果造成了较大的破坏。

图 5-4　商业展示模型的底座和基础底盘。注重制作材料的档次、制作细节、加工工艺。

图 5-5　木工板制作的基础底盘。

图 5-6　置于预制木盒中的建筑模型。打破传统的底盘样式，选择预制的带有盖子的盒子，将制作好的模型放置在盒子中。

图 5-7　分别用木工板预先制作好的展台作为底盘使用。

图 5-8　推敲过程中不断改变的方案模型，它们的底盘没有刻意设计，而是仅作为放置方案模型使用。

图 5-9　瓦楞纸板制作的等高线地形。叠加的瓦楞纸板直接用作建立起基础支撑的底盘。

图 5-10　实木基础底盘套装饰边框。

（3）底盘的标高示意

在模型制作中，底盘所示意的海拔高度通常为 ±0.00 m 的水平面高度。底盘上的建筑及环境模型按照正常标高进行制作，当遇到表现地面以下的结构时，需要将底盘的对应位置切开，将地面以下的内容与底盘进行固定和粘贴，以表现地面以下的内容。例如，地基、地下景观、下沉广场、地下轨道交通、地下建筑等。随意设置底盘海拔高度在实际制作中并不可取，如确实需要时，应该对底盘所表示的标高做出明显标注。

（4）了解主体材料重量

首先需要了解并预估建筑主体及周边环境所使用材料的大概重量，以便确定选择什么样的材料和工艺制作底盘。

图 5-11　图中底盘所示意的标高是 ±0.00 m，模型中的地下建筑都是按照设计图纸在底盘上的对应位置切开，进而制作地下的设计内容。

5.1.2 底盘的材料

这里介绍的材料多是常规的底盘制作材料，我们更希望学生或模型爱好者在制作模型底盘时可以大胆尝试更多的材料或材料组合，让更多新材料运用所呈现出的全新感观效果激发更多的创意思维。

模型底盘常用的材料包括：实木板、细木工板、三合板、航模板。有时，如果模型主体重量较轻，也可以使用较厚的厚纸板或 KT 板。底盘中还可能使用到的辅助材料包括：透明亚克力板、薄金属片、反光纸片等。

图 5-12　图中的模型底盘选择较轻的 KT 板的主要因素是考虑到模型主体的总体重量。该图中的模型主体使用纸板、反光纸及一些小型辅材，重量较轻，所以有条件选择 KT 板作为模型底盘。此模型底盘直接选用黑色板材，既简单便捷又很好地衬托出高光材质的建筑主体。

图 5-13　该图中底盘是将两张 KT 板叠加，增加了底盘的承重能力和视觉上的稳定感。KT 板主要是黑、白、灰三色，制作者在直接使用时，要根据模型主体的主色调挑选。此模型底盘选择白色 KT 板，因此较好地与同色的模型主体相互呼应。

图 5-14　图中的模型底盘兼具底盘和表现水体的功能。底盘材料使用蓝色高密度聚苯板。这类板材具有一定的厚度，但自重较轻，只能够承重用卡纸或纸板制作的模型主体。

图 5-15　该图是用木板制作的模型底盘。这个底盘非常简洁，使用功能很“专一”，使用木本色，与模型主体的木质材料完全统一。

图 5-16　图中的模型底盘主要使用透明亚克力板制作。此模型底盘承担基础支撑功能的同时，还利用数控雕刻技术在底盘上刻画出了各街区、道路、广场等位置示意。

图 5-17　图中的模型底盘选用白色厚纸板作为制作材料。此模型底盘与模型主体、场地均使用统一材料。

图 5-18　图中的模型底盘材料是具有高反射能力的反光纸。反光纸本身很薄，不能够独立用作模型底盘，但可以附着在任何可作为基础支撑的材料上，表现出特殊的效果。

5.1.3 底盘制作方法

确立底盘形状

模型底盘的形状有多种可能性。可以是规则形状的几何形底盘，也可以是配合模型主体及环境的自由形态。几何形底盘可以是规矩的正方形或长方形，也可以是多边形或不对称几何形。底盘形状的确定需要制作者根据模型主体及环境的整体构成形态进行分析和策划，从而制作出所需要的底盘形状。

图 5-19　图为规则形状的模型底盘。该模型的底盘与建筑主体使用同样的制作材料，并采用规则的矩形，使整个模型利落、统一。

图 5-20　图为不规则形状制作的模型底盘。此模型的底盘没有按照传统的几何形制作，而是根据模型的场地特征随其形而制作。这是非常大胆并具有创意的制作方式，尤其是对于场地规划红线本身就不是规则形状的设计来说，这样的底盘更能够突出场地特征。但不规则底盘并不容易把握，需要根据场地及模型主体的实际动势设计出形状、比例、尺度都能够适合的底盘，这就需要在制作中大胆尝试，不断积累。

制作模型底盘

可以使用适合的板材直接作为底盘。有时根据需要也会在底盘板材的底或各个侧边进行装饰。底盘的制作厚度、具体形状、是否需要边框等都是制作者根据对模型主体或模型场地分析后作出的判断。模型底盘的本身厚薄、繁简都是因人而异的。

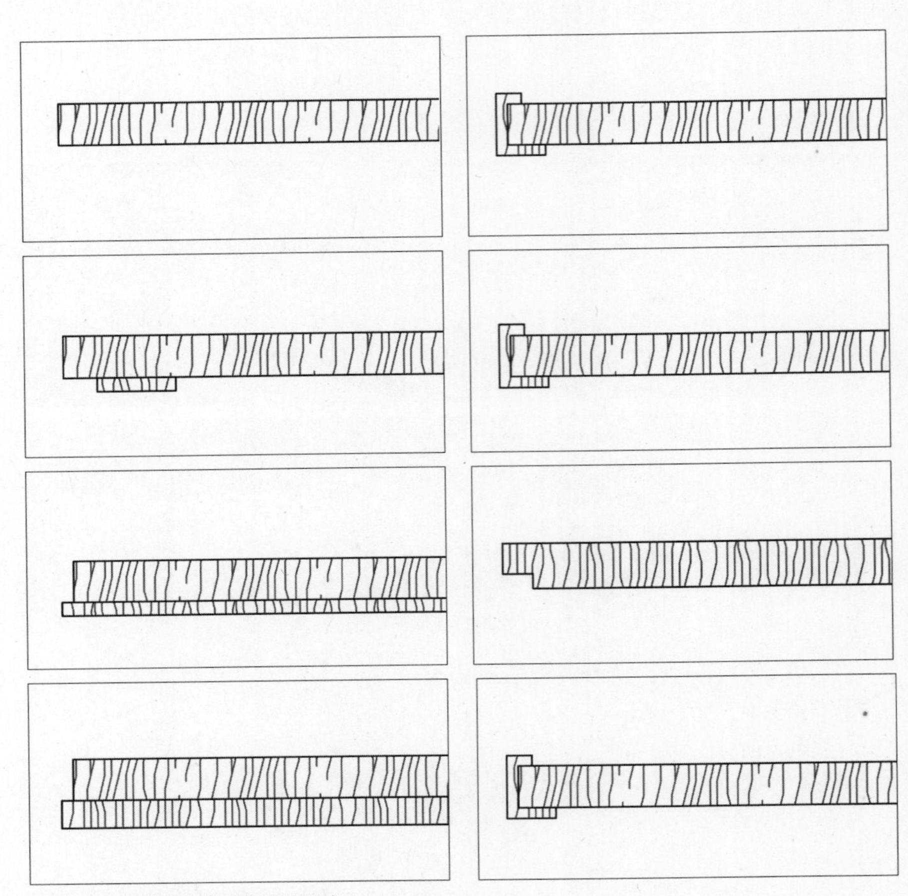

图 5-21　图为底盘样式的设计形式。

5.2 地形的制作

5.2.1 地形的种类

模型制作中常用到的地形包括等高线地形、堆积的斜坡或抽象手法的地形示意。等高线是模型制作中经常用到的地形表达方式，但对于模型制作者来说用更多的创意手法制作特殊的地形或地势会是很好的尝试。

5.2.2 地形制作的材料

制作地形的材料没有严格的限制，需要根据模型效果的要求选择。通常情况下，在草图模型中，等高线地形比较常用的材料是 KT 板，因为 KT 板材质较轻且容易被快速切割。在深化模型制作中，也常会用到厚纸板、航模板、雪弗板、PVC 板等材料制作等高线。需要注意的是，按照模型的比例挑选适合的厚度是很重要的，不要因为板材厚度和模型比例不符而产生较大的比例错误。

根据模型制作的需要，制作者可以选择多元化的材料进行尝试，以激发更多的创意思维。例如，可以尝试高光金属铝片、金属网、镀锌超薄钢板、透明亚克力板等。

5.2.3 地形制作的方法

等高线地形

准备好绘制完成的准确的等高线地形图纸，确定每条等高线的高差（例如，高差为 0.5 m），然后按照模型比例准备好备用材料（使用 1：100 比例尺所选择的材料厚度应当在 5 mm）。以 KT 板为例，首先要将预先准备好的等高线地形图纸覆盖在 KT 板上，用铁笔或圆珠笔描线画出要切割的等高线，然后沿线切割。切割时建议选择手术刀、模型专用刻刀或 30° 刀片的美工刀。注意，在切割 KT 板的同时，就对图纸和板材进行对应标号，以免搁置到一起出现混乱，再次校对将浪费大量的时间和精力。最后，将所有切割好的等高线层面进行粘贴。粘贴时可以选择双面胶或 UHU 泡沫专用胶，不可以使用 UHU 普通万能胶或 502 胶，因为会腐蚀板材。同时，如果选择 KT 板，板材要逐层叠加，不可以为了节省材料而悬空，因为 KT 板较轻，悬空会造成地形本身不稳固，就更难以承重地形上的建筑或环境主体。如果遇到用木板或 PVC 材料制作等高线地形，可以考虑在地形的内部使用龙骨支撑，只切割并粘贴表面能够看到的部分，这样在满足地形效果的同时，能够节省材料并减轻整体模型的重量。

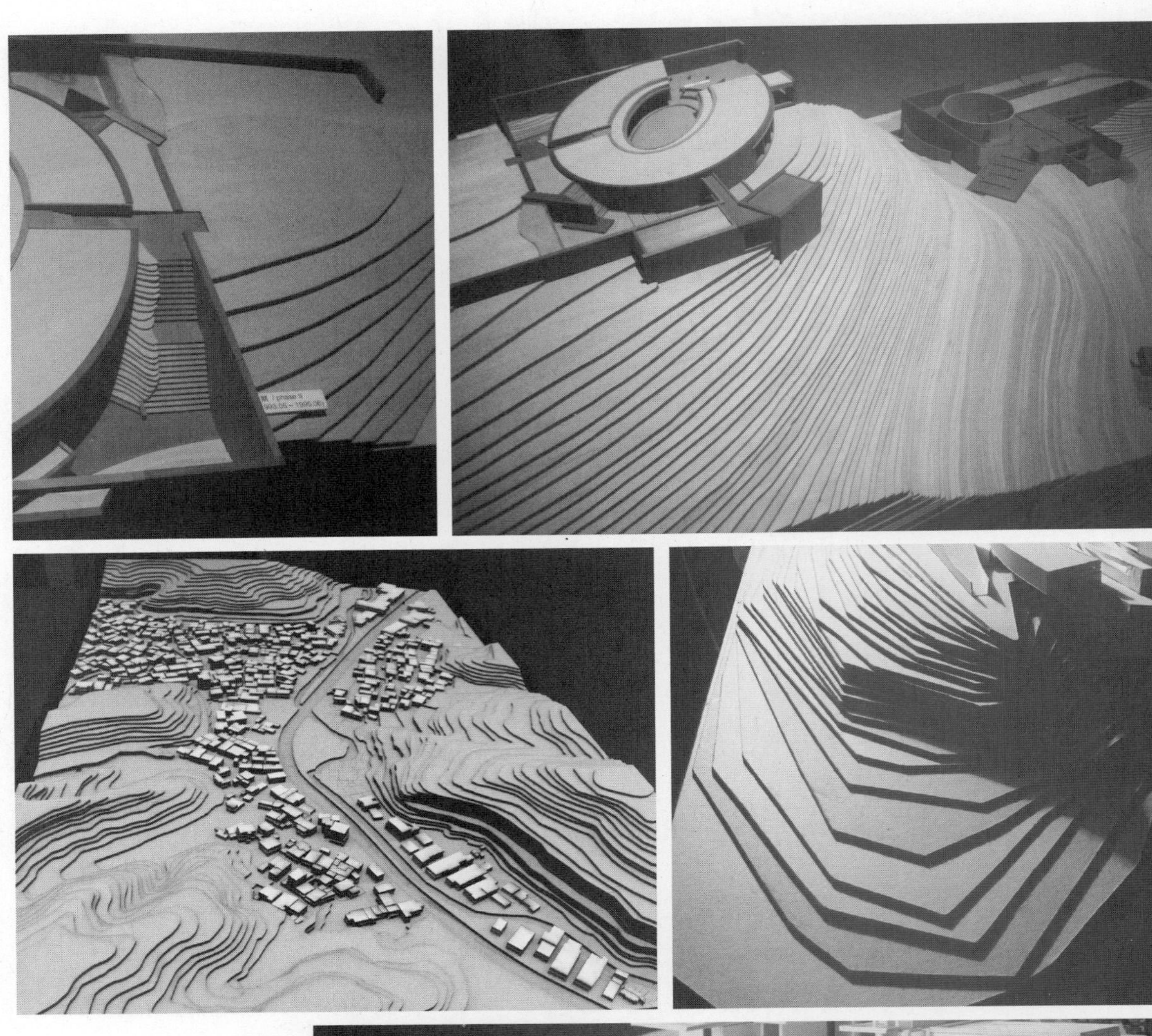

图 5-22 ~ 5-23　使用薄木板制作的等高线地形。由于木材自重较重，可以将被遮住的等高线内部切割成“空心”设龙骨支撑，外部保留木材，不影响模型的整体性同时还做到减重省料。

图 5-24　使用密度板制作的等高线地形。

图 5-25　使用灰色厚纸板制作的等高线地形。如果模型主体自重较轻，也可以选择“中空”的方式制作。

图 5-26　使用瓦楞纸板制作的等高线地形。可以将板材平放逐层叠加，也可以根据场地高度将瓦楞纸板竖立排列制作。

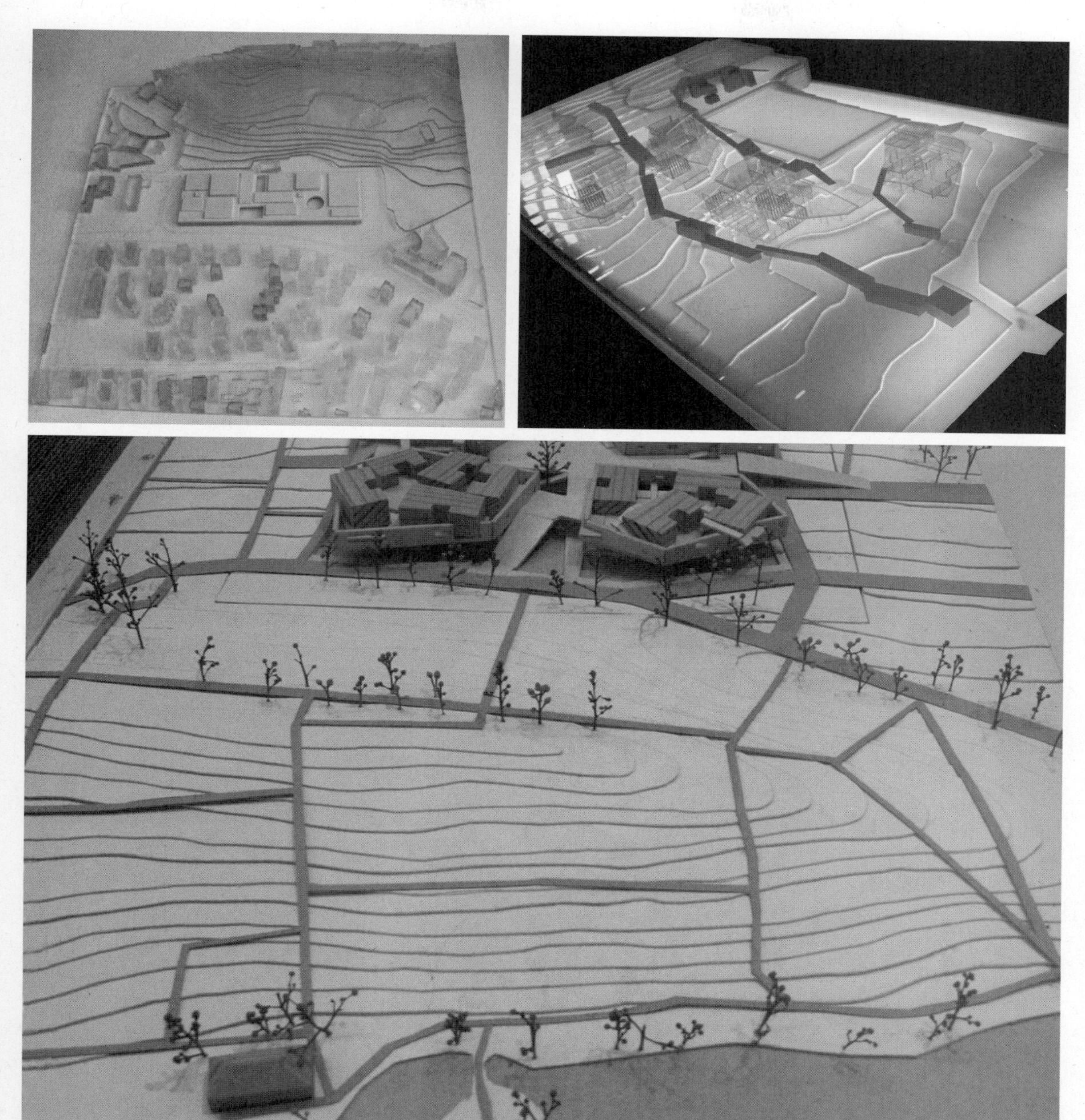

图 5-27 ~ 5-28　使用透明亚克力板，借助数控切割设备切割制作的等高线地形。

图 5-29　使用白色厚纸板制作的等高线地形，用牛皮纸制作的道路穿插在等高线中。

堆积地形

堆积地形制作有很多种方式，但都需要首先制作地形的“骨架”，骨架可以选择等高线叠加，或使用建立重点位置坐标的金属网，也可以像雕塑塑形一样制作地形的胚。还有很多堆积地形骨架的方式，制作者可以展开创意和进行尝试，例如，使用废旧的报纸、废弃的纸盒箱板等。

接下来是制作堆积地形的“表皮”。表皮的制作可以在已经制作好的骨架上使用黏土、石膏、雕塑泥等可以附着及能够自由塑形并可以修剪的材料。表皮制作时能够采用的创意形式更多，不必完全局限于黏土和石膏的使用。

图 5-30 ~ 5-31　利用多种材料和模型辅材制作。首先在基础底盘上按照事先设计好的位置和比例用褶皱的废旧报纸堆砌，夯实并粘贴牢固，一边制作一边校对重要节点位置的高度。然后，在固定好的报纸上用纸巾覆盖粘贴，待其干燥后进行着色。图中在地形上用丙烯颜料着熟褐色以代表土地颜色。接下来，在着色的地形上涂胶并覆盖草粉。草粉均匀覆盖，偶尔露出土地的颜色，增加模型的真实感。最后进行修整和树木的放置。将主体建筑的位置在地形制作之初就给予预留，最后将制作完毕的模型主体与地形组装即可。

图 5-32　以废旧报纸作为基础，牛皮纸用来制作地形表皮。

图 5-33　以等高线作为地形基础，地形表皮用沙土和磨碎的枯叶覆盖制作而成。

抽象地形

这里我们所指的抽象地形更多是在制作者对方案深入理解后反映在模型制作中的抽象创意地形。这类地形并没有具体限定的制作方法，都是根据制作者的合理创意，研究如何将这种具有创意思维的地形制作出来。

图 5–34　用金属薄板、金属网格制作的抽象地形。

5.3 建筑主体的制作

5.3.1 主体的结构搭建

建筑主体的制作是模型制作中的重要部分。建筑（或景观）主体通常被放置在模型场地的中央或模型“画面”的视觉中心位置。复杂的主体或过高的建筑有时需要内部有作为加固用的支撑，外部再粘贴用作外墙的表皮材料或开窗。用作支撑的框架可以选用木块、经过焊接的金属棒或 PVC 粗管。将这些材料焊接或装订成“I”形、“L”形，以起到稳定建筑主体的作用。在制作时，应预先加工好这些支撑框架，以便在主体制作中进行搭建。

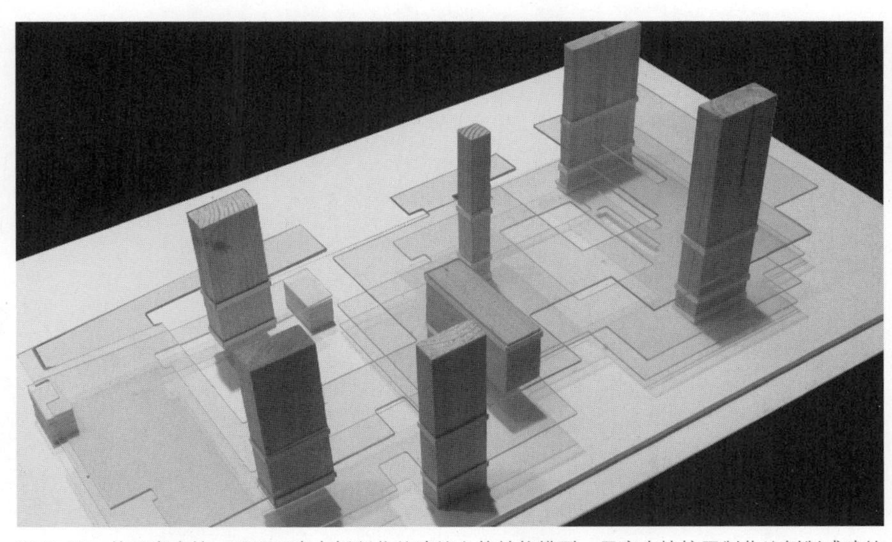

图 5–35　使用实木块、透明亚克力板制作的建筑主体结构模型。用实木块按照制作比例制成建筑的柱网结构。

图 5-36　使用木桩作为支架对各层楼板进行支撑。模型主要表达的内容位于建筑的顶层，木桩对整个建筑体起到了重要的稳固作用。

图 5-37　用 L 形结构对建筑主体进行支撑。

图 5-38　用管材支撑的建筑主体。

5.3.2 平面、立面的制作

在材料的介绍中我们着重介绍了各种材料适合制作的部件，因此，我们在此不做重复的展开介绍。厚纸板、航模板、PVC 板、透明或半透明亚克力板、薄金属板等都是制作主体平面可选的材料。开始制作前根据所挑选材料配备好对应的使用工具，工具磨得锋利很有必要。建筑及环境景观总平面和各个层面的平面图文件必须齐全。

首先要将平面图图纸描绘在对应的材料上。图纸的描绘方法是将图纸按照制作比例打印出来或转印，或者直接对照建筑平面在材料上画线。需要注意的是，为了提高效率，一般将所有需要进行切割的平面部分一并转印或画线，再统一切割。这可能包括建筑总平面、各建筑层面的平面、建筑的屋顶、建筑或景观平台。

将所有需要的平面内容全部“转移”到制作材料上，然后开始进行所有平面内容的统一切割。在切割时，沿着画线的墨线由左至右、由上至下依次切割。为了尽量减少误差，在手工切割时注意全部按照墨线的一侧切割，不要一会儿沿着外侧切，一会儿沿着内侧切，这样会不断积累误差。

建筑模型的立面主要表达的内容包括建筑外墙墙板、外立面上的开窗、外立面上的装饰构件、外立面上的建筑细部、外立面上的附加结构（外挂电梯、逃生楼梯）等。

图 5–39　图中的模型运用白色厚纸板、航模板、瓦楞纸板及小型辅材制成。模型主体主要使用白色厚纸板与航模板制作。按照建筑立面图，将每个小立面分别在厚纸板与木板上切割备用，再对照平面图、立面图将各个立面分别粘贴。

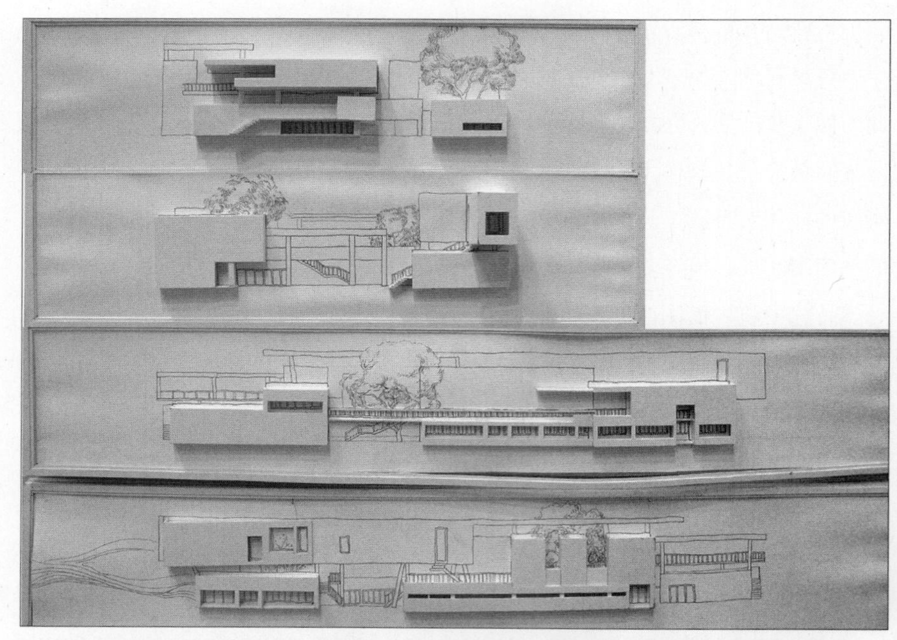

图 5-40　白色厚纸板制作的创意建筑立面模型。图中模型运用较新颖的手法，将建筑各个立面的手绘图与模型制作结合。

图 5-41 ~ 5-42　将建筑用模型的表达手法细致刻画，以成果模型的形式展示了该建筑设计方案。

图 5-43　使用白色雪弗板制作的建筑主体立面。图中的建筑模型使用白色雪弗板和土黄色高密度厚纸板制作。

图 5-44　使用白色、黑色、土黄色厚纸板制作的建筑主体模型。建筑主体立面使用白色厚纸板，建筑窗框使用土黄色厚纸板，屋顶使用黑色厚纸板。整个模型形成了很好的黑、白、灰对比关系。

图 5-45　以厚纸板、薄木片、透明亚克力板为主材制作的建筑主体模型。

图 5–46　以厚纸板为主材制作的建筑主体模型。模型主体充分表现建筑的色彩形象。使用黑色、白色纸板及纸板附着红色、蓝色、黄色喷漆，制作出符合原建筑色彩的建筑模型立面。

图 5–47　以透明亚克力板、木皮为主材制成的模型主体。部分建筑顶面使用薄木片和细木条制作。

图 5–48　以灰色厚纸板为主材制作的模型主体。模型的主立面是通过顶面与其他立面的围合制作而成的。

直立面的制作

直面模型立面最为常见。与平面的制作步骤相似的是都要将建筑的立面图纸绘制或转印到待制作的材料上，并分别对各个立面进行切割。但建筑立面上要表达的内容通常比平面更加丰富，制作立面开始前和制作过程中都必须考虑到立面材料表面不同色彩的过渡、不同材质的交接、不同明暗的对比，以及表皮材料不同肌理与方向的协调。

（1）切割

在制作中，对每个立面进行分别切割时，如遇到同一个立面上出现不同材料或不同色彩，则要根据图纸分别将各材料中的有效部分切割下来备用，统一粘贴成所需要的立面，最后再将相邻的各个立面依次进行连接。

需要注意，在有的外立面上，由于独特的设计而没有重复的部分，这样在切割时可以按照常规流程或个人习惯进行切割。但当遇到有较强复制性的墙面装饰或统一开窗的情况时，需要纵向和横向分别统一切割，而非一个一个窗户进行切割，这样做的目的是避免因微小误差导致参差不齐。

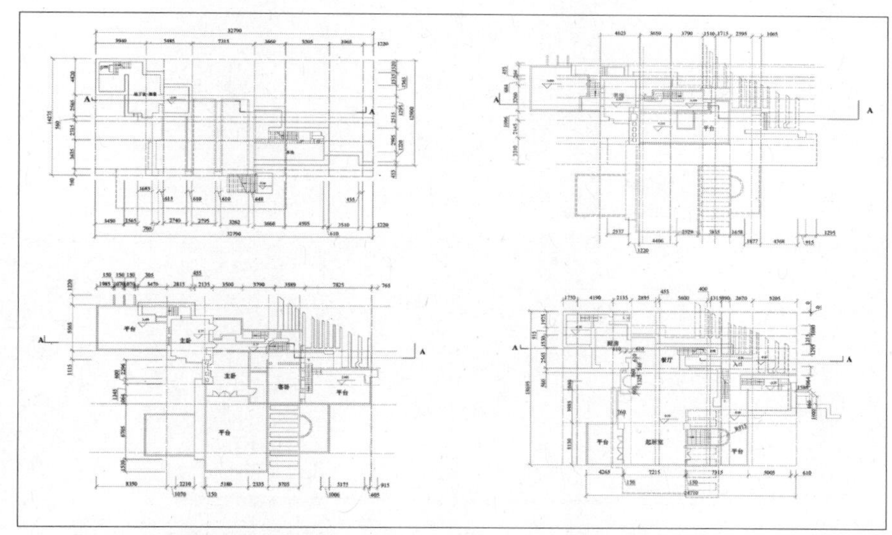

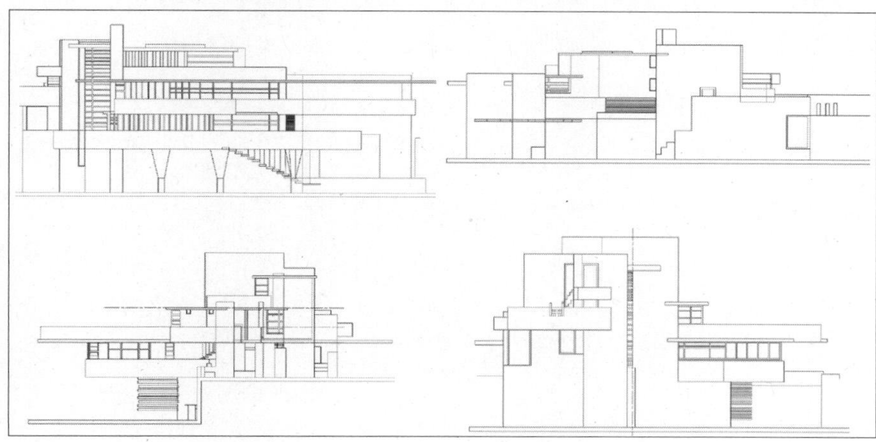

图 5-49 ~ 5-50　图为流水别墅的建筑平面、立面图纸。制作模型前应准备好模型制作需要的各层平面、各个立面的建筑图纸，按照图纸中的建筑平面切割模型材料，再分别切割出建筑的各个立面。

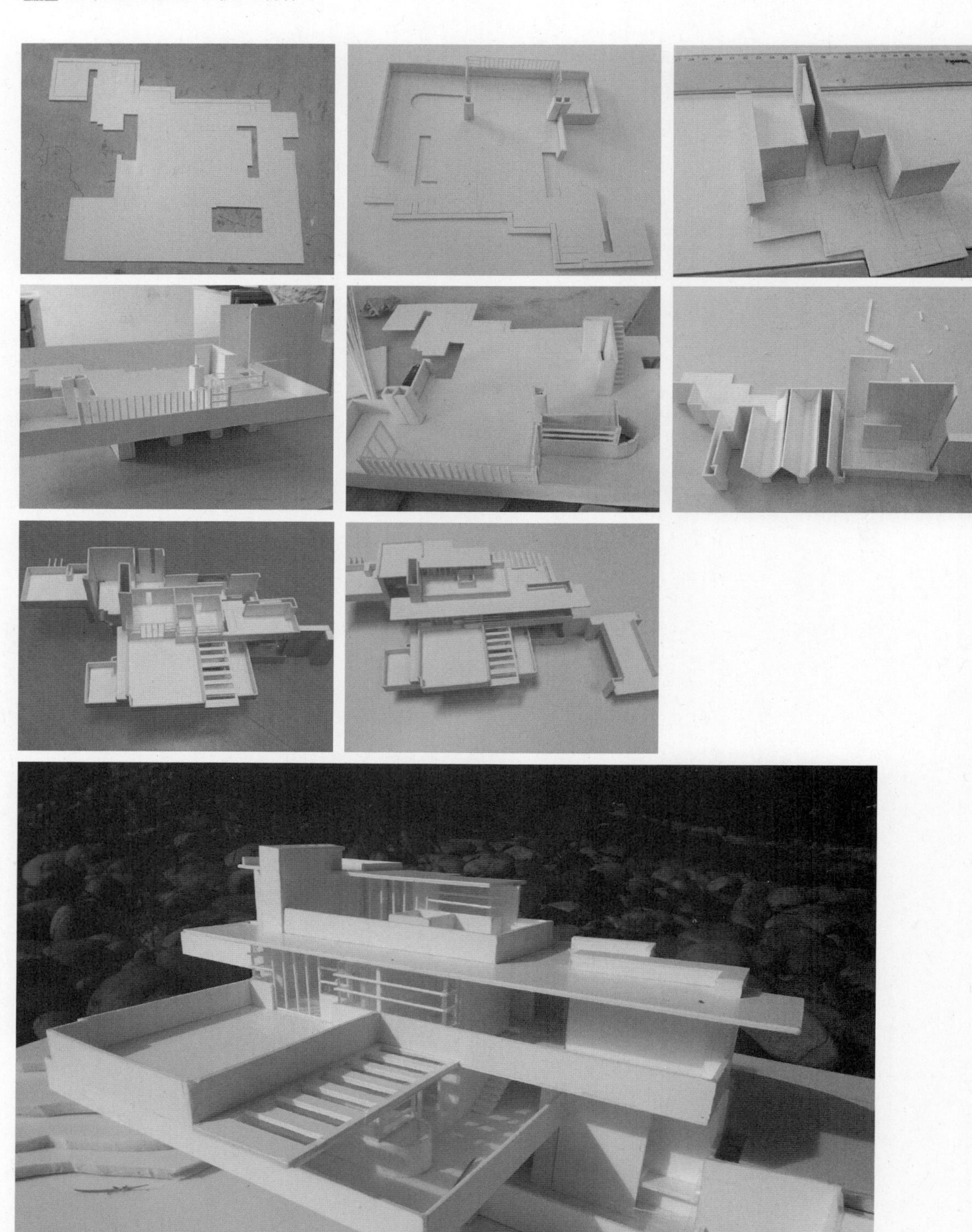

图 5-51 ~ 5-59　图中呈现的是建筑模型平、立面的制作过程。

图 5-60 ~ 5-63　使用雪弗板制作建筑各层立面。建筑的固有颜色接近砖红色，因此制作时选择首先将备好的单面不干胶砖红色纸膜粘贴在白色雪弗板上，然后再按照常规的步骤制作各个层面的建筑立面。

（2）着色

有些模型使用的是材料本身固有的质感和颜色，但有时需要对整个立面或局部立面进行着色。立面着色主要包括三种：一种是对雕刻线条的着色，一种是对立面局部图形的着色，还有一种是对整个立面的着色。

以透明亚克力板为例，对雕刻线条的着色方法是将水溶性颜料调制好，用绒布将颜料沾上并涂抹到亚克力板被雕刻的线条上，待干燥后立即将板材表面擦拭干净，这时，颜料在雕刻凹槽里的部分可以被保留下来。这种方法同样适用于 PVC 板、ABS 板、半透明亚克力板。

对立面局部着色，需要把握的是如何准确、干净地将颜色附着到材料上。无论使用水溶性材料、丙烯颜料还是模型专用喷漆，都要将不着色的立面部分进行有效遮挡。可以选择绘画材料中的防水胶带将待着色的部分围合，然后用颜料着色或喷漆。如果选择喷漆着色，那么在用防水胶带围合的同时，要在该立面下铺好废旧报纸等以免弄脏其他材料。另外，喷漆喷射时的颗粒覆盖面积较大，仅用防水胶带围合还是有可能弄脏立面的其他部分，所以也要将该立面的其他部分用纸张或塑料薄片遮挡，然后再进行喷漆着色，着色方法与整体着色相同。

木片、木板、PVC 板或厚纸板的颜色和特有的质感很适合各类模型的制作，如果制作中一定要对材料进行着色，那么着色的方法和流程与上文中的着色方法相似。

整体着色是对某个立面材料进行整体上色，可以选择水溶性材料、丙烯颜料或模型专用喷漆。着色的方法，以模型喷漆为例，是将所有待着色的立面备好（有些材料在着色前需要修边和打磨），放置在废旧报纸上。如果模型中的

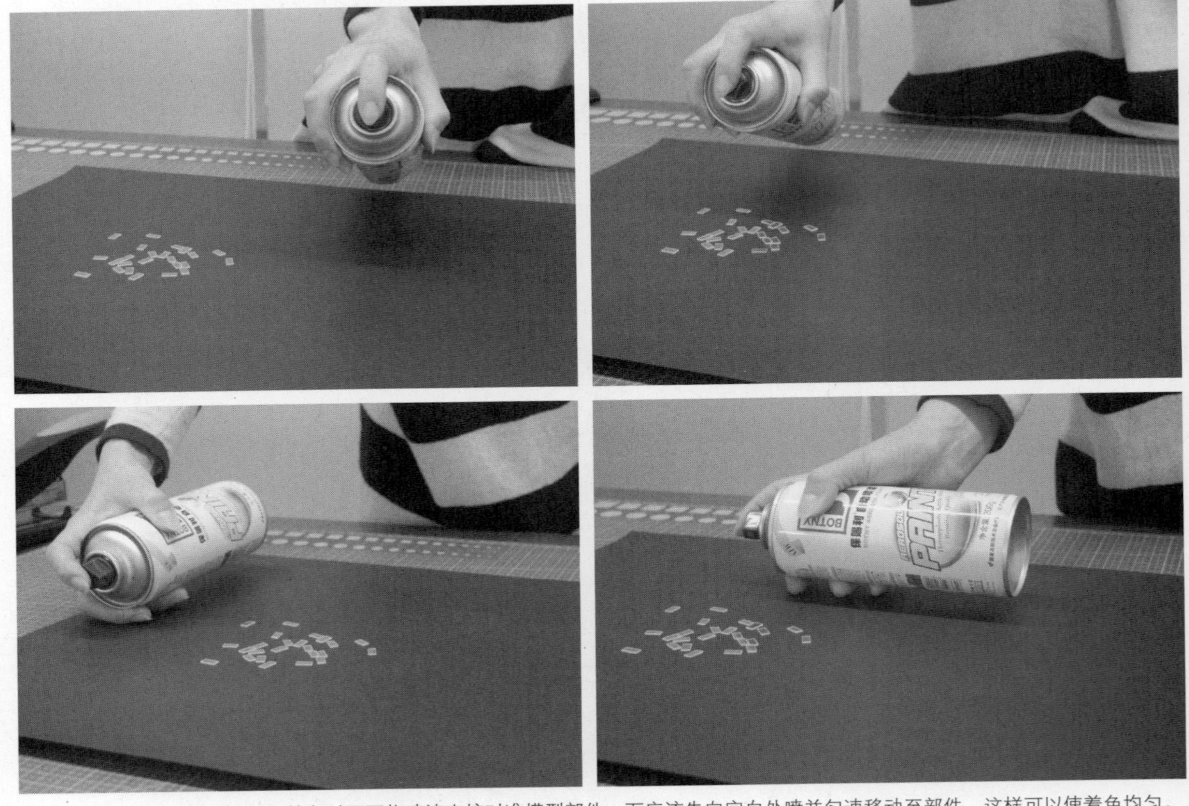

图 5-64 ~ 5-65　给模型部件着色时不要将喷漆直接对准模型部件，而应该先向空白处喷并匀速移动至部件，这样可以使着色均匀。
图 5-66 ~ 5-67　使用喷漆着色的错误方法：如图中，使用喷漆时不宜将喷漆对着板材侧面，这样不利于对板材的均匀着色。

某些立面实际面积并不大，则需要将它们较紧密地排成一个组，统一喷漆；如果面积较大，则可以分开每个立面单独喷漆。最开始喷漆时，不要喷到立面上，可以喷射到立面旁边的废旧报纸上，然后按住不要松手，慢慢将喷漆移动到立面上，依照从上到下的顺序均匀着色。喷漆后，不要以任何方式移动，以免刚喷上的漆面受损，待其自然干燥后，如有需要，可再将该立面翻转，对反面进行喷漆。

曲立面的制作

在制作弧形或自由曲线的建筑外立面的模型时，需要制作曲面立面。室内空间模型也同样需要制作用于分割空间的曲面界面。制作曲面的材料要进行筛选，因为像薄脆易断的木片、较厚的木板等都不适合制作曲面。

制作曲面的材料可以选择较薄的 PVC 板或亚克力板，厚、薄纸板，或金属栅格等。较复杂的异形或有诸多曲面立面的建筑可以使用木条手工制作骨架，外表皮用薄金属或打印纸等弯曲成曲面。随着 3D 打印技术的发展，异形建筑模型可以使用 3D 打印机进行辅助三维直接塑形，以下介绍的曲立面的制作主要为借助工具和设备的手工制作。

图 5-68 ~ 5-69　弗兰克·盖里为德国中央合作银行设计建筑方案时所制作的模型。模型用木条、木片、木板材制作构筑物的内部，异形的曲面表皮选用易弯曲的铝皮制作。

图 5–70　弗兰克·盖里为设计意大利威尼斯马可波罗机场枢纽建筑群所制作的模型。图中模型是建筑群中的主要建筑。模型主要使用木块进行建筑结构支撑，表皮主要是透明亚克力片、打印纸、牛皮纸等材料贴附支撑。由于这些材料都比较软、薄，因此容易被塑造成自由的曲面形状，是制作曲面建筑时可以优先考虑的材料。

图 5–71　弗兰克·盖里为设计美国芝加哥千禧公园露天音乐厅所制作的模型。不规则形状的建筑主体使用薄铁皮来制作模型表皮。根据建筑设计的需要，通过牢固的焊接将铁皮弯曲成圆滑的曲面和棱角分明的折面。

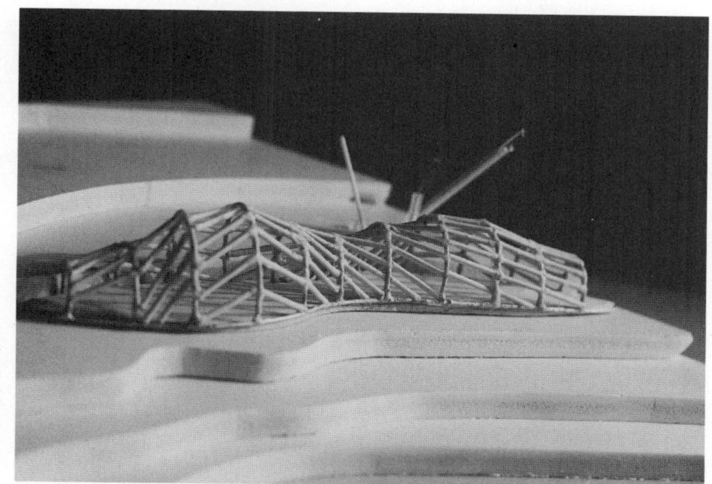

图 5–72　以柱形竹签和粗铁丝为主材制作的曲面建筑模型。先用较粗并且牢固的铁丝借助老虎钳等工具制成模型的龙骨，用电焊将铁丝固定，再将柱形的细竹签切割并分别固定在铁丝上。

图 5–73　在焊接牢固的龙骨上用瓦楞纸和薄木片制作建筑的表皮。

（1）合成材料的弯曲方法

薄 PVC 板或亚克力板在制作曲面时，可以利用专业的热鼓风机或吹风机将该类材料均匀加热，待材料变软后，可以按照图纸或预先制作的模具将其弯曲成所需要的形状。当材料受冷时，将会变硬定型。需要注意，选择材料时仍然要挑选较薄的材料，因为过厚的材料单靠吹风机也不易完成制作。

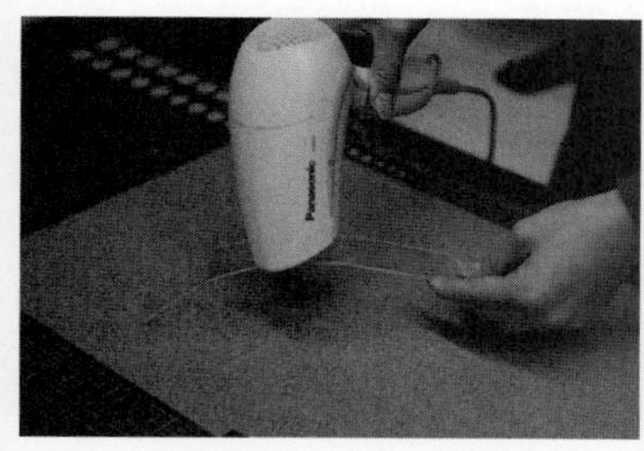

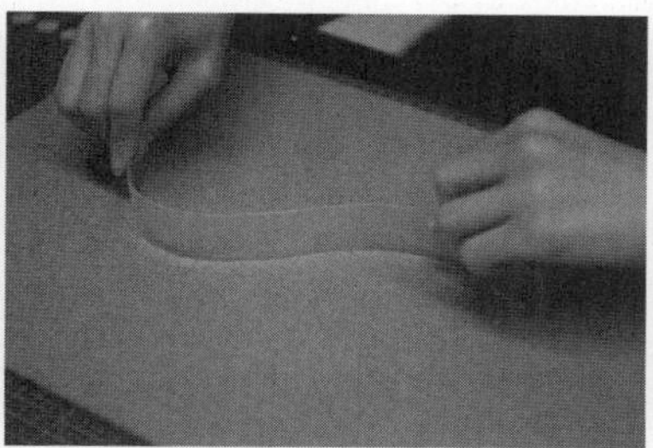

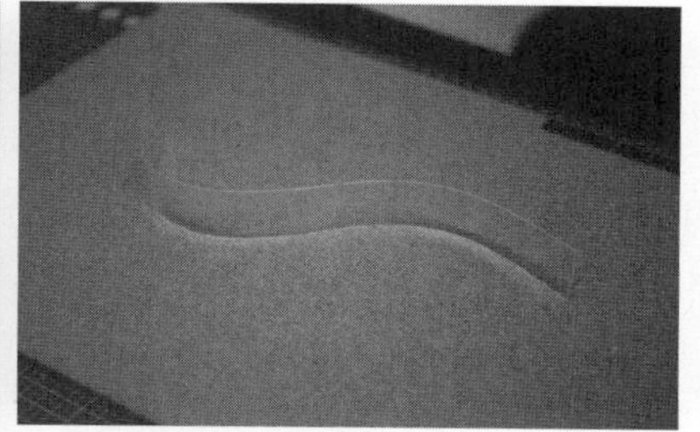

图 5–74 ~ 5–76　1 mm 及以下的透明亚克力板用热鼓风机或吹风机可以使材料变软，从而可以弯曲成曲面的形状。

（2）纸板的弯曲方法

纸片可以直接弯曲并固定，但厚、薄纸板的弯曲会生成折痕或因为张力而无法固定。这时可以采用制作切口的方法来形成曲面。在曲面的外表皮，将待制作的纸板等距离逐次平行切割出划痕，再轻轻地用手将纸板弯曲成所需要的弧度。根据模型制作的需要，可以直接使用带有切口的曲立面，也可以选择需要的白色或彩色纸粘贴在纸板的表面。

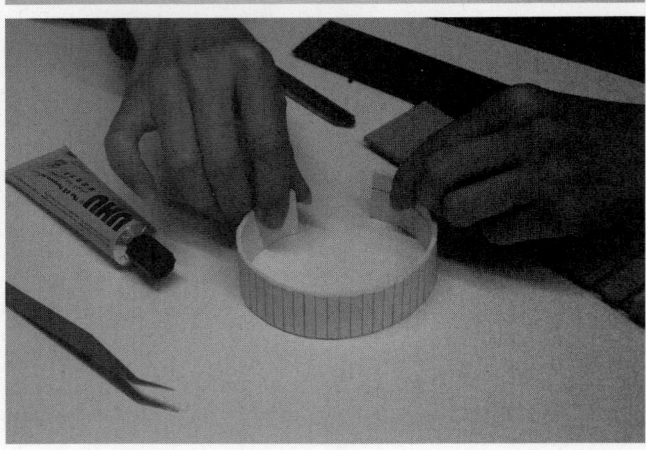

图 5-77 ~ 5-78 对于 2 mm 以上的厚纸板，可以将纸板表面切割出均等的划痕，然后将厚纸板弯成需要的形状。

（3）浇注材料的曲面制作方法

用石膏或黏土等现浇材料制作的曲面模型，在制作时应先制作龙骨。龙骨可以选择结实的木条、木片或有较高硬度的 PVC 板和 ABS 板，在龙骨搭建完成后，开始浇注模型的“表皮”。当选择石膏作为制作材料时，需要将石膏粉倒入容器，加入适当比例的水进行搅拌，在石膏未干硬之前进行浇注。通常初次浇注只能够制作出模型曲面的初步形状，接下来还需要用雕刻刀或手指进行修整和深入的塑形。修整完毕后，将模型放置在阴凉通风处，待其自然干燥。最后，根据模型的类型和使用需求，保留材料的本色或进行着色。

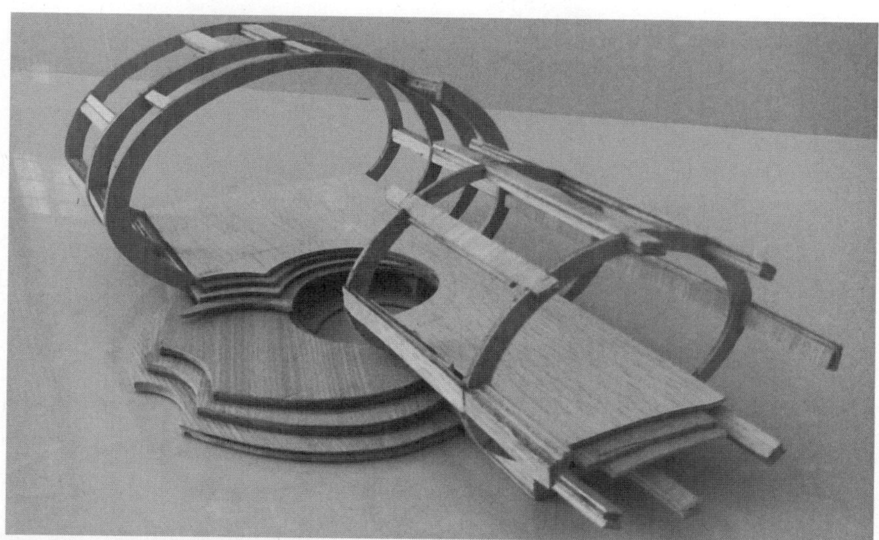

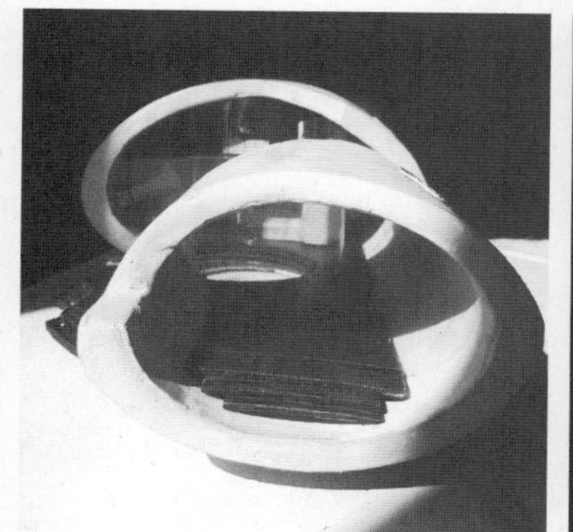

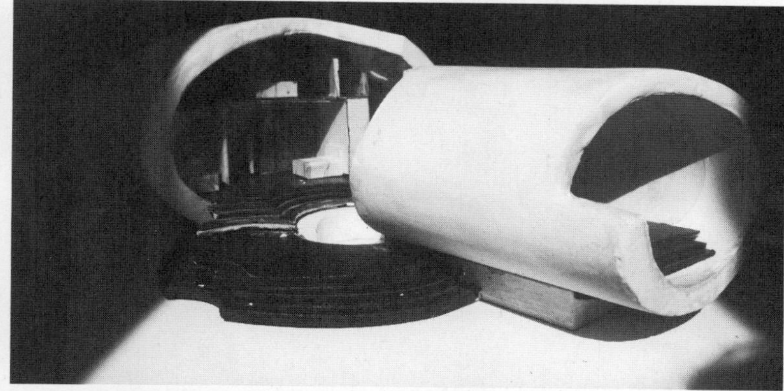

图 5-79 ~ 5-82　首先按比例用木片和木条搭建起建筑的“骨架”。再将石膏根据骨架模子制作出建筑曲面形状。最后制作建筑内部的空间及建筑所在的场地环境。

5.3.3 界面的黏结

不管是直立面还是曲立面，在完成切割（有时需要着色）后，就需要对照建筑或环境景观的平面图纸，进行各个立面的黏结组合。黏结的方法包括衔接式和转折式。

衔接式

衔接式黏结的方法包括切割材料产生的切割断面（以下简称断面）与断面的直接黏结，断面黏结和单面附着夹板，断面黏结和双面附着夹板，断面处开槽互锁黏结，斜切的断面相互黏结。

转折式

转折式黏结的主要形式是直角转折。主要的黏结方式有断面与转折立面的直接黏结，断面与转折立面直接黏结和内角加固，断面与转折立面黏结和加表皮的外立面，45° 斜切断面的相互黏结，45° 斜切断面相互黏结和内角加固。

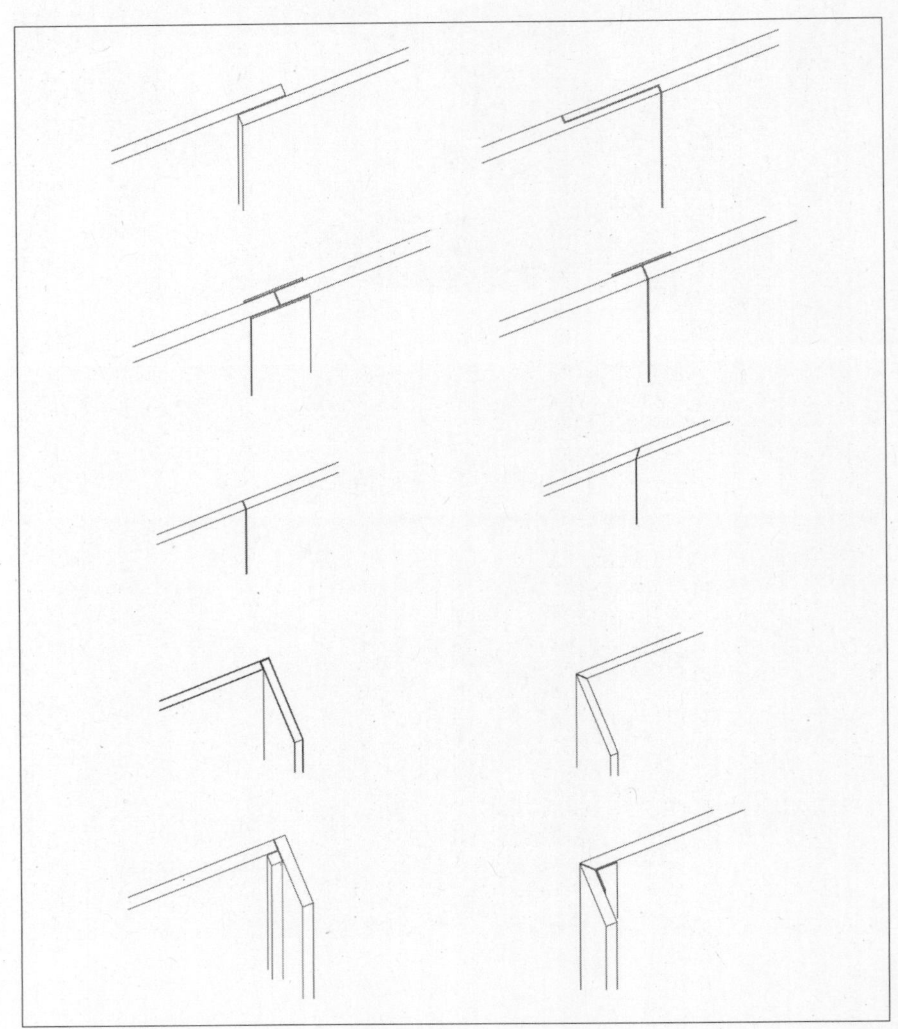

图 5-83　图为界面的多种黏结方式。

5.3.4 主体与场地的组装

如果由设计团队成员合作完成模型制作，那么场地与模型主体能够被同时制作完成。有的模型需要将主体与场地进行组装。当然，有的模型是建筑作为模型主体与场地融为一体，这类模型就需要场地和建筑主体同步制作，例如，用石膏或雕塑泥塑形的草图模型等。

主体与场地的组装需根据具体模型的特点进行。有的是将主体合理放置到底板上，有的是放置到事先预留主体位置的环境中，有的是放置到预留位置的等高线地形中。还会出现建筑主体分为地上和地下两部分的情况，这就需要制作者分别制作后统一协调、组装。

图 5-84　图中的建筑主体与场地采用了最简单的“放置”方式。将建筑组合体按照对称、均衡等形式美法则放置在基础底盘上，确定位置后，将主体与底盘粘贴。

图 5-85　同样将建筑单体合理地放置在基础底盘上。放置时需要注意观察建筑的主要视角和未来的拍摄主视角。

图 5-86　主体建筑与周边环境都要表现在模型画面中。此时的基础底盘上，建筑主体与周边环境并存，需要按照设计方案将它们各自“分配”到正确的位置放置。

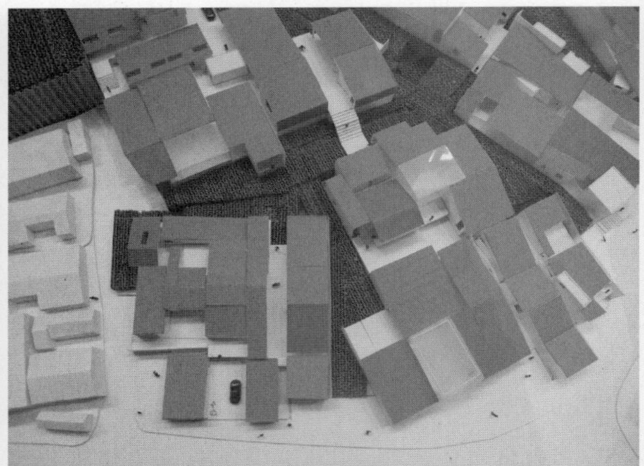

图 5-87　这是一个初期概念设计阶段的草图模型，在模型制作时可以先按照图纸制作等高线地形，将建筑主体的位置空置，地形制作完成后，再将初步设计的建筑主体模型嵌入到预先留出的位置。

图 5-88　此图中的成果模型是在草图模型的基础上随着设计深入而重新制作的。制作时，在基础底盘上用瓦楞纸板制作山地地形，根据总平面图，将各建筑单体的位置做预留，最后，将制作完成的建筑单体分别放置到预留的场地中并逐个粘贴。

图 5-89　基础底盘和模型地形融为一体，地形利用底盘进行制作，表现从地面向下延伸的地形面貌。此时，需要将地形和主体建筑分别制作完成后，通过主体建筑与地形之间的连接将二者组装起来，这些连接件通常是楼梯、走廊、坡道等。

5.4 各类配件的制作

建筑与环境艺术模型的配件类型诸多，在制作模型时有多种可以进行挑选。但我们在此更希望模型制作者能够自己动手，展开想象力，结合自己的模型风格和整体效果来制作各类模型配件。这些小东西的制作看似花费很多的时间，但是一个很好的创意过程，在思考中能够更多地激发制作者的创意思维。

5.4.1 植物的制作

我们希望让阅读此书的学生或模型爱好者了解，在模型制作中，植物未必是绿色的，“树”也未必一定是我们现实生活中的树。植物的制作需要统一于整个模型的风格之中，也是模型“画面”效果的延续，决不能是没有思考的随意滥用或市场上随意选购。

植物的制作要注意结合模型整体效果挑选材料、确定颜色、计算尺寸，有时很多废弃的材料边角或工业废料等都可能成为制作植物的“宝贝”。我们在模型制作中选择植物的目的是按照模型比例表现出植物的整体形态，而不需要为了表现是哪一个品种的植物而大费周章。这一点希望制作者在制作中不要本末倒置。

树木

树木是模型制作中最常见的植物类型。树木制作可以按照风格分为两大类，即具象和抽象。

●具象树木：利用天然的植物枝条、树叶、果实、纤维等可以制作出比较具象的树木。利用人造材料进行加工制作，也可以制作出比较具象的树木。这些具象的树木需要根据不同的模型风格和类型进行配景。

图 5-90 ~ 5-91　利用极细铁丝喷白色喷漆，待充分干燥后，将其缠绕形成树干，中间分出的细铁丝作为树枝。最后在各个铁丝上涂抹万能胶水，将预先准备好的剪碎的黄色海绵作为树叶粘贴在铁丝上。注意，树干和树枝的颜色可以根据模型主体的色调选择，可以是灰白色、土黄色、熟褐色等。

图 5-92　挑选的比例、颜色、形象都适合的树木型材。

图 5-93 ~ 5-94　这类树木模型多用于商业展示中，模型非常逼真地表现出树木的色彩、高度、种类。制作时通常是型材和手工加工相结合。图中的树木模型树冠分别是黄绿色、翠绿色和深橄榄绿色。

图 5-95 ~ 5-96　根据整体沙盘风格，选择黄色和黄褐色海绵表现树冠。

图 5-97　使用粗细不同的木棒制作成树的形状，包括树干和树枝，比较形象地表现出树的形态。

图 5-98 ~ 5-99　用真实树枝和树叶制作的树木模型。使用真实树枝时，最重要的是按照实际树木的高度根据比例尺计算出模型树木尺寸，挑选比例、高度都基本符合标准的树枝。

图 5-100　市面上可以买到各种形状、比例的树木型材，但挑选树木型材需要根据所制作模型的风格和比例慎重选择。本图中的树木是在选购的成品型材的基础上做了二次加工。该模型策划制作较高挑的松树的形象搭配较矮的阔叶树，将买来的型材修剪掉部分树冠，形成细长的树木形态。将阔叶树类型的型材修剪掉上层的树枝，形成树冠宽、高度较矮的形态。被剪碎的型材预料正好用于制作模型的草地，与树木色彩一致，更能够让模型画面形成统一。

图 5-101　选用真实树枝和果实制作成的树木模型。

图 5–102　将很多根细铁丝紧密缠绕在一起制作成树干，在树冠部分将铁丝分开，根据树的形象制作成错落有致的树冠。这样制作的树木模型可以保留铁丝的本色，也可以根据模型整个色调喷涂任何需要的颜色。

图 5–103　使用收集到的植物细枝和果实，将其粘贴在一起制作成的树木。

图 5–104　用相同的方法将铁丝缠绕在一起制作成树干，在树冠铁丝上涂上万能胶水，将白色绒屑粘贴在铁丝上。制作时需要按照模型比例计算好树的高度。

●抽象树木：抽象树木很难将其全面表达。根据模型的风格及特点，可以制作各种类型的点、线、面作为模型中的“树”。制作者在整体风格统一、比例正确的前提下可以发挥创意思维去选择树的形式和材料。这时，各种材料都有可能成为制作树木模型的原料。

图 5-105　图中的树木模型使用微粗的铁丝用老虎钳围成椭圆形态的抽象树木。用类似方法制作的抽象树木模型，可以以任意比例制作，树的尺度完全根据整体模型选定的比例确定尺寸。

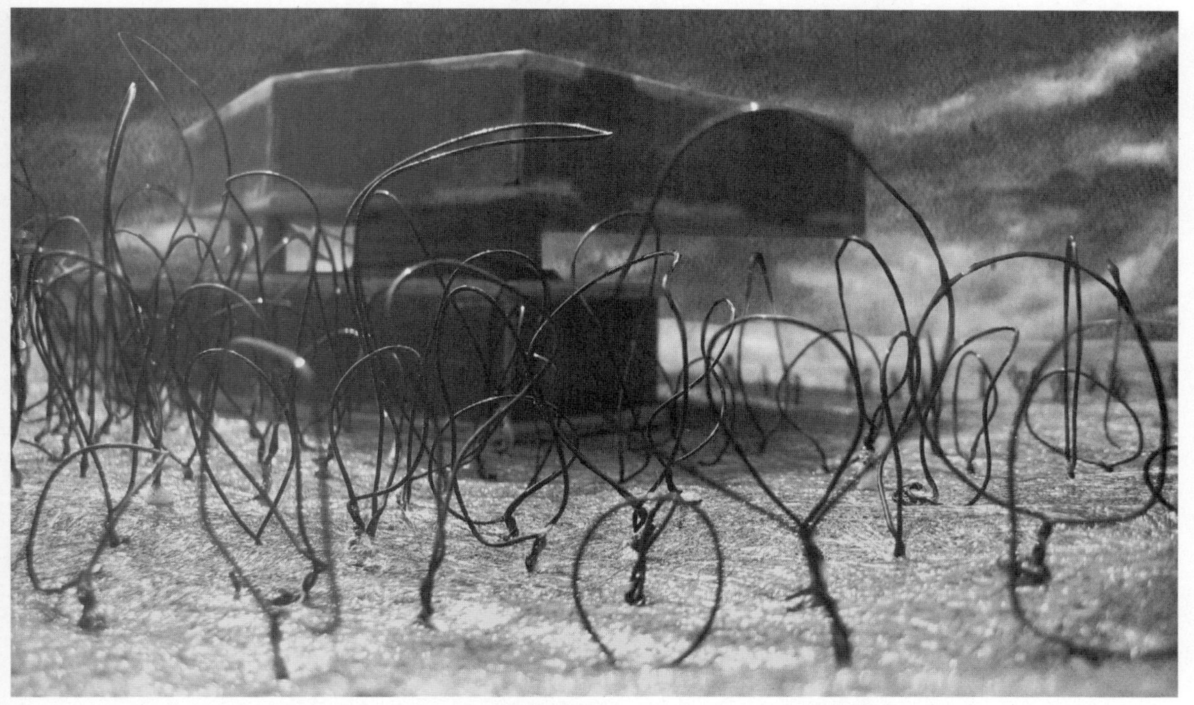

图 5-106　将购买的黑色铁丝按照模型设定的比例确定几个主要层次的尺寸，在这一高度范围内，制作大小不一的抽象树木。图中树木模型的制作方法是将黑色铁丝围出一个椭圆形的圈，将铁丝的两头缠绕在一起扭紧，并固定在场地上。

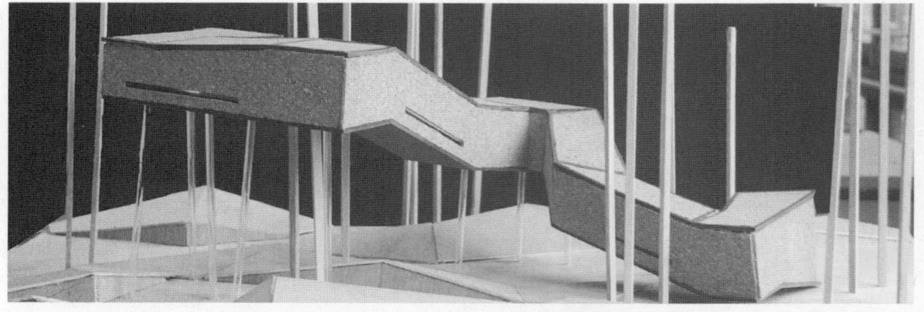

图 5-107　使用细方木条制作的抽象树木。建筑主体模型表皮用软木制成，树木也采用相似的质感而选择了方木条，用以表现建筑坐落在树林中的环境背景。

图 5-108　用大头针和不同形状的透明亚克力片制作的抽象树木。

图 5-109　图中的树木选用了白色 PVC 细管制作，用以表现树林的环境背景。

图 5-110　图中树木模型的制作方法是将 3 mm 厚的透明亚克力板切割成宽度相近、高度不同的长条形状，制作成高度不同的抽象树木。这种制作方法目的是为了在整个模型画面中形成很好的构成关系，在表现场地植物关系的同时更好地体现模型的构图关系。

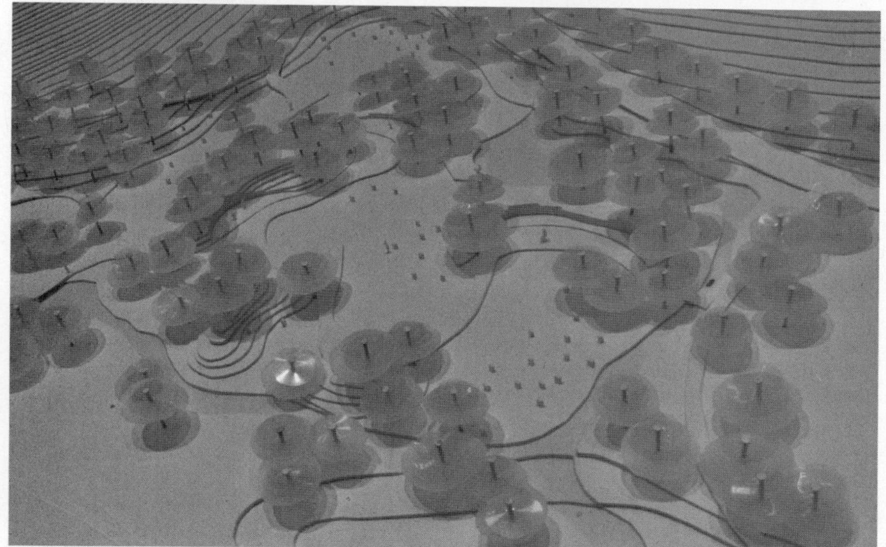

图 5-111 ~ 5-112　按照模型比例，将透明、半透明亚克力片剪成大小不一的圆形，再用铁钉将亚克力片固定在地形上。制作这类树木时需要注意，参照规划图纸“种植”树木，但不可平均、无序地随意乱放。应当注意大片树木在整个模型上的疏密关系和构成关系，做到成组团、成序列摆放。

图 5-113　将彩色透明亚克力片剪成树的形象，再将两片亚克力片拼插起来，最后粘贴在场地上。

图 5-114 ~ 5-115　世博会意大利馆建筑的习作模型主材分别使用了厚纸板搭配透明亚克力板及航模板搭配透明亚克力板。环境中都配有树木形象，但一个使用购买的树木型材喷涂白漆，另一个使用抽象的卡纸和亚克力板表现树木。

矮树及灌木

矮树及灌木在建筑及环境艺术模型中经常被用到。矮树、灌木、高大乔木形成富有层次的植物景观。制作时要注意植物本身固有的高度和体量，需要按照适当的比例反映在模型上。制作的方法与材料选择与树木的制作相似。但需要注意，制作和在模型画面中布置这些矮树及灌木时要成组团，不要随意放置，那会破坏整个模型的效果，影响构图，产生杂乱感。

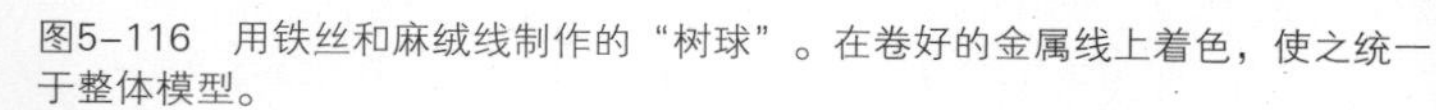

图5-116　用铁丝和麻绒线制作的“树球”。在卷好的金属线上着色，使之统一于整体模型。

图 5-117　用麻绳、干枝、纸屑等材料制作的“田间地头”。

图 5-118　用干丝瓜筋制作的沙漠仙人掌植物模型。

图 5-119　用木刨花制作的沙漠灌木的模型。

图 5-120　制作“树球”的过程。将细麻绳在指尖向多个角度缠绕，球的大小要根据模型比例计算好。最后将缠绕好的细麻绳用万能胶水粘牢。

5.4.2 楼梯、扶手、栏杆及门窗的制作

楼梯、扶手、栏杆及门窗算不上建筑与环境艺术模型中的重点表现内容，但有时却是模型中的重要细节。制作时需要结合模型整体风格，精致、美观地表现出这些结构或装饰细部。越大比例的模型越需要对这些模型中的细节内容投入更多精力去处理，这有利于在有效表达设计意图、建立尺度参考的同时，增加模型的表现力。

这些小零件的材料要根据整体模型进行选择，可以选用纸板、透明或半透明亚克力板、木片或成品的木条。需要注意的是，这些零件在模型中不是为了展示自己的“样式”，而是通过尺度、体量和制作品质来起到画龙点睛的作用。

图 5–121　使用泡沫板切割制作的、适用于草图模型阶段的楼梯。

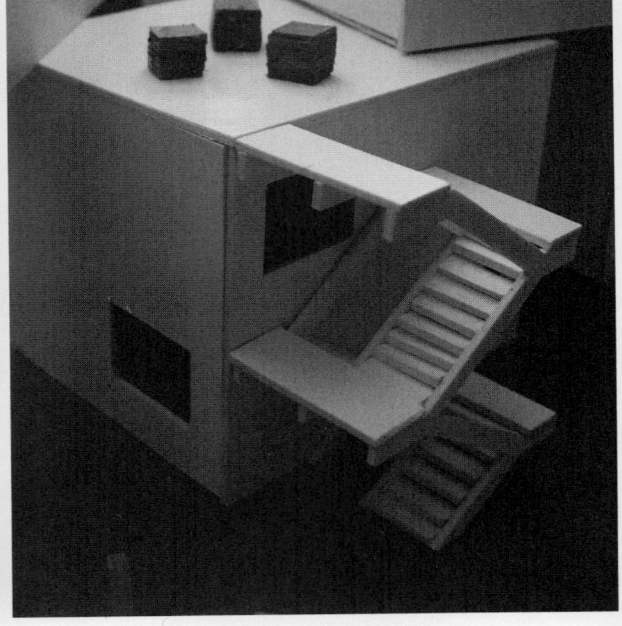

图 5–122　使用白色厚纸板制作的建筑室外楼梯。

图 5–123　使用白色厚纸板制作的建筑室外楼梯。

图 5–124　使用透明亚克力板和 PVC 板制作的室外楼梯。

图 5–125　使用密度板制作的建筑室外廊道及栏杆。

图 5–126　使用牛皮纸板和雪弗板制作的景观楼梯。

图 5–127　建筑立面上的开窗。使用灰色厚纸板制作建筑立面，将窗户的位置切割，用透明亚克力片制作玻璃，黑色卡纸用来示意窗框。

图 5–128　使用航模板制作的景观阶梯。

5.4.3 其他型材

人物

多种比例和形象的人物型材在相关的商店中都能够挑选到。但有时为了更符合模型风格和基调，自己动手制作人物的形象更加合适。人物在模型中的作用通常是丰富画面，增加模型的生动感。但需要注意，制作和使用这些人物模型时要把握人物动势和色彩，刻画过度或制作花哨的人物细节会在整体模型画面中喧宾夺主。

我们不断强调在模型制作中应充分激发创意思维，其实人物也未必一定是“人形”，黑色或白色的细铁丝围合线条、极细 PVC 管的组合等等，都可以作为“人物”被使用。

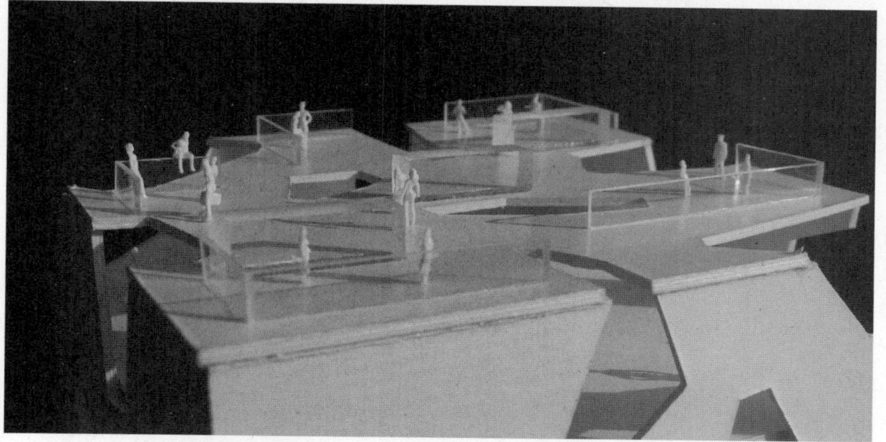

图 5–129　白色建筑主体上的红色“小人儿”。整个建筑主体和场地都由白色厚纸板和白色瓦楞纸制作，特意选用了红色的形态各异的人物型材，在模型场地中疏密排列，为模型表达增添了一丝趣味性。

图 5–130　白色建筑主体搭配白色人物。

图5-131　自己动手剪裁的人物剪影。

图 5-132 ~ 5-133　庭院中的人物、家具、装饰物都可以在模型材料市场上挑选到正确比例和偏好的样式。

交通工具

交通工具中被使用最多的是汽车和船的模型。在模型商店中可以选购到很多可以制作建筑与环境艺术模型的型材。但有时制作者也可以选择自己制作，因为这样可以在模型整体画面中，根据自己对该画面中汽车或船的形象的理解来创作出所需的模型。制作方法可以选择将其抽象成几何形体，绘制或缩印到合适的比例，然后临时附着在木板、厚纸板或 PVC 板上，进行切割，使用数控切割设备会增加精确度并在很大程度上提高效率。

图 5-134　图中的交通工具都经过制作者的二次加工。挑选合适比例的车辆模型，着白色，使之和整个模型色彩相统一。而船舶的模型则是先制作出船的抽象形态，将船体平面图纸打印并剪裁、粘贴在船的模型上。

图 5-135　符合比例的白色船舶配件。

路灯

路灯在一个模型中是很次要的细节，但对于比例较大的模型来说，无论是建筑模型还是室外环境景观模型，都避免不了有诸多的路灯在模型中出现。了解制作路灯的简单方法并熟练运用可以提高工作的效率。

按照所制作模型的比例挑选合适颜色的细铁丝、铜丝，根据所设计路灯的尺度按照比例切割，将顶部用钳子弯曲；材料还可以按比例挑选 PVC 管，将其置入沸水中软化，再用钳子弯曲，就可以制作出示意型的路灯的外形。

标签、指北针、比例尺

这些不是模型本身的内容，但却是对模型制作的必要说明。模型标签是告诉人们模型制作的主题内容；指北针将准确地指明在模型画面中“北”的具体方向，有时，并非正上方就是我们习惯认为的北向，北向在模型中可以是与垂直方向成任意角度的；比例尺则是告知模型主体与场地所示意的尺度。三者在整体模型中既具有功能作用，又有装饰作用，所以需要花一些心思进行设计和精心制作。

制作的方法包括雕刻制作法、粘贴制作法等。选择制作方法要根据所制作模型的整体风格和制作材料来决定，要使标签、指北针、比例尺和模型形成对比统一，具有视觉上的和谐美感。

雕刻制作法主要是使用数控雕刻设备或手工雕刻方法在模型底盘的合适位置将标签、指北针、比例尺直接雕刻出来，使其与底盘融为一体。数控雕刻技术和方法详见第 7 章。

粘贴制作法是指分别将标签、指北针、比例尺利用电子文件进行电脑刻字加工出来，然后将刻字的纸转帖在底盘上。用作雕刻的贴纸种类繁多，可以根据模型的风格和整体色调选择合适颜色和质感的贴纸。

5.5 整体环境的制作

5.5.1 水面

水面是在模型中经常会遇到的环境配景，需要制作者根据模型的整体风格和整体色彩关系、材料质感、整体表现手法进行创意制作。在模型制作中，水不一定必须是湛蓝色的，也不一定必须做到写实，而是要与整体环境和谐、统一。

偏蓝色调的彩色纸、卡纸都可以用来示意平静的水面；还可以选择喷漆的方法制作，将遮挡膜或防水胶带沿水面所在位置的边缘粘贴，然后使用模型喷漆将水面的部分着色，待全部干燥后揭掉遮挡膜；还可以将银铜色的粗糙条纹纸或原色条纹纸喷银色模型漆，或使用反光薄膜修剪成水面的形状，然后粘贴在水面所在的位置。有时会遇到具有高差变化的“流水”，此时，就可以充分发挥创意思维，制作抽象或具象的流动水体。例如，制作出具有高差的水流的河道，然后利用透明硅胶或蜡进行表面附着，以营造出水流的效果。

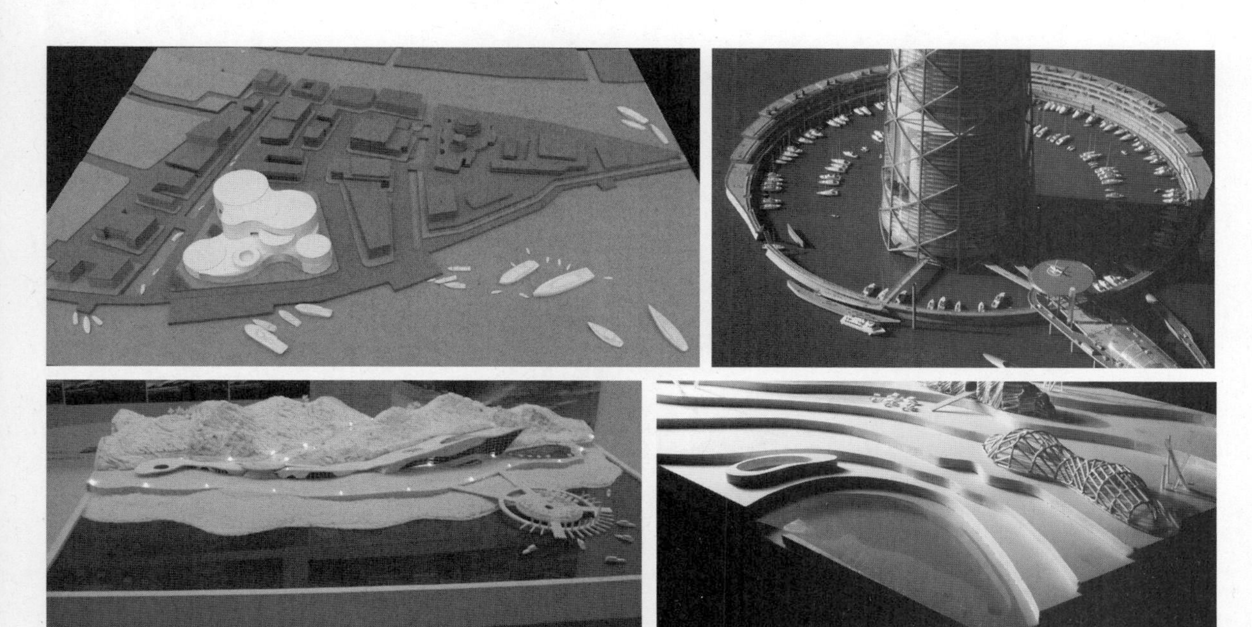

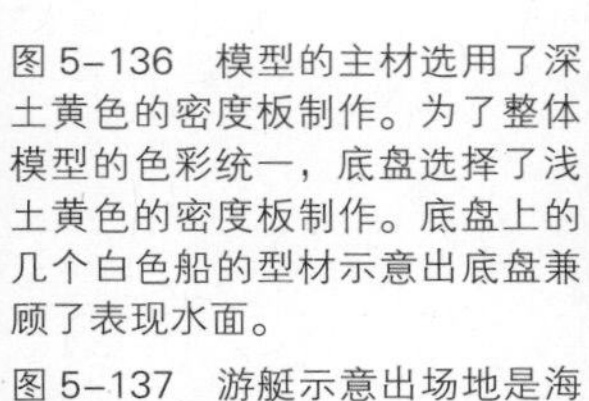

图 5-136　模型的主材选用了深土黄色的密度板制作。为了整体模型的色彩统一，底盘选择了浅土黄色的密度板制作。底盘上的几个白色船的型材示意出底盘兼顾了表现水面。

图 5-137　游艇示意出场地是海面或是其他水面。

图 5-138　木工板着深蓝色漆面，表面玻璃，形成水面效果。

图 5-139　图中的水面和等高线地形结合，在雪弗板制作的等高线中夹入蓝色薄卡纸，在卡纸上贴附蓝色透明亚克力薄片形成水面的效果。

图 5-140　图中水面效果由蓝色卡纸和表面白色网纹制作。

图 5–141　建筑群中间的一块水体。将用来制作地形的雪弗板切割出水面位置的镂空，在基础底盘上附着深蓝色卡纸，再附着透明亚克力薄片，最后将切割好的镂空雪弗板覆盖在卡纸上形成水面效果。

图 5–142　在预先制作好的坡度上用透明硅胶模仿制作出山泉流淌而下的效果。

5.5.2 道路

制作模型中的道路时需要注意比例的大小。在比例很小的规划类模型中，道路在模型中的尺寸很小，此时通过颜色和材料区分出道路的位置即可。常用的方法是采用与周边略有颜色差别的彩色纸或薄卡纸，按照道路的图纸剪裁下来，并粘贴在所需要的位置，或用同色同质的材料，通过细微的高差变化来示意出道路。

但对于比例较大的模型来说，这种方法就显得过于简陋了。在比例较大的建筑与环境艺术模型中，道路在反映出所在位置的同时，还要尽可能地将道路与其他地面的高差、主路与辅路的区分、道路的转弯半径、道路间的隔离带等都交代清楚。道路的制作事实上应当在模型制作之初就予以考虑，这样才能够更有效、更准确地反映出道路与广场、人行步道等之间的高差变化。需要注意的是，无论道路的内容如何丰富，都必须控制刻画的笔墨，避免喧宾夺主（专门为表现道路设计而制作的道路模型除外）。

图 5-143 用 PVC 材质制作的浦东机场及周边道路模型局部。

图 5-144 制作逼真的商业展示模型中的道路。

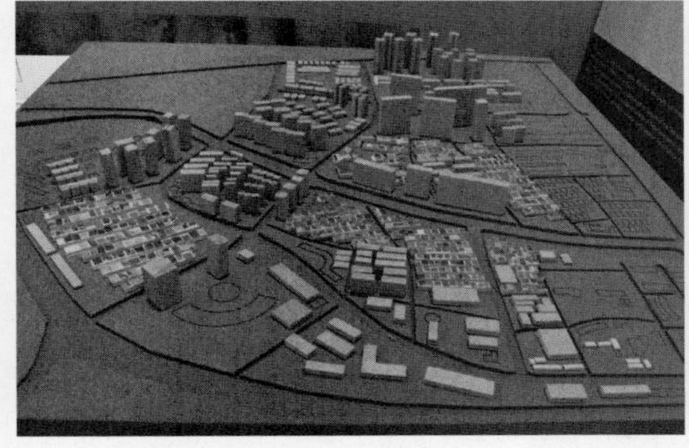
图 5-145 用细密度板制作的场地及建筑群。场地和基础底盘使用同样材质，将每块切割好的地块板材按照场地总平面图放置在各自的位置，各个地块之间就形成了连通的道路。

图 5-146 切割的薄木片用来示意人行的景观步道。

5.5.3 绿地

在模型制作中，虽然绿地的面积或大或小，但一般都会在环境中占有一定的比重。常规的制作方法是按照图纸将草地所在的位置剪裁下来，或者在模型中用遮挡膜圈出草地所在的位置，然后将胶均匀涂抹，铺撒草粉或粘贴植绒纸。制作绿地的材料和手法不需要拘泥于传统，在符合模型整体风格的前提下可以尽情发挥。

图 5-147　使用成品植绒草皮贴平铺制成的模型草地。

图 5-148　图中的草地选择了粉绿色薄卡纸，根据图纸，将卡纸剪裁，分别粘贴在预留出的草地位置。

图 5-149　在预先制作的堆积地形上覆盖草粉。在市场上很容易挑选到各种颜色的草粉，可根据模型整体色调选择。各种地形都可以使用草粉覆盖用以营制模型草地效果。首先在制作的地形上涂抹胶水，然后将草粉均匀铺撒。

图 5-150　图中的模型草地使用了真实的泥土和绿草。将模型主体固定在基础底盘上，再挖取带有泥土的草，均匀覆盖在模型主体的周边环境中。

图 5-151　有时草地可以不是绿色，而是根据模型的整体色彩关系进行艺术化的再创作。图中模型草地使用了蛤蜊壳、黄色植绒粉、小花等材料。手工将蛤蜊壳敲碎与黄色植绒粉混合，最后加入小花。该模型建筑主体使用了多种质感的同色（白色）材料制作。混入蛤蜊壳等辅材的黄色植绒粉和模型主体的色彩明度相近，能够使模型画面更统一，效果优于选择绿色草粉。

5.6 模型色彩与肌理表现

5.6.1 模型色彩

任何视觉艺术范畴内的艺术形式都不可能离开色彩而存在。建筑设计、环境艺术设计、室内设计、城市规划与景观设计等都不可能脱离对色彩的审美需求。在建筑、环境、室内空间中，色彩会对人的情绪和心理产生较大的影响；在模型制作中，色彩对模型的表现效果也起着重要作用。

利用材料本身固有的色彩是最方便且自然的表现手法，这是我们所推荐的。但有时，需要根据设计需要和表现目的等来决定如何处理模型色彩。决定模型色彩的因素主要包括：设计的阶段、设计重点、模型表现的目的及表现类型。

在同一个设计项目中，不同的设计阶段对设计内容有不同的侧重。土建、结构、建筑外观、设备、空间划分、室内装饰设计、建筑及室内照明设计的每个阶段都有关注的重点，为设计服务的模型也一定会根据设计阶段的不同而有所侧重。在最初概念设计时，能够反映出场地与建筑体量的关系、周围地形的变化与特点，以及建筑的初步形态的模型就是一个较成功的模型。此时的模型制作，使用卡纸、泡沫聚苯乙烯、KT 板、黏土等都能够完成，使用这些材料本身固有的色彩进行制作就完全可以满足需要，不必加更多的修饰。但当推敲到建筑外立面丰富的色彩设计，用模型表达此阶段的设计时，色彩就成为最需要突出的表现内容。此时，在选择合适制作材料的基础上，更需要材料能够清晰表达设计所要呈现的色彩效果，必要时，需对模型进行局部或整体着色处理。

在一个建筑与环境艺术设计任务中，什么是设计的重点？是特殊的造型、新型的材料，优化的空间，还是出色的建筑比例或出挑的色彩？对于一个突出表达设计色彩的方案来说，在制作模型时，将重点的表现内容落实在色彩上是很有必要的。需要运用模型的表现手法，将设计意图和设计中的色彩关系进行详细说明。

模型表现的目的和手法不同，对模型色彩的要求也一定不同。例如，研究过程中的工作模型和以宣传为目的的表现模型，由于目的的差异，即使是同一个建筑的模型表现，其色彩的表达也会大不相同。

5.6.2 表皮肌理表现

建筑外立面、室内各界面的表面材料及肌理效果的运用，在如今的建筑及室内设计中越来越成为设计师“打拼的战场”。就设计本身的角度而言，这并不是值得推崇的方式，但在本书中我们暂且对设计本身不做任何品评。

对材料及表皮肌理效果的重视，使得表现设计方案的模型有时也必须进行表皮肌理效果的创意制作。

在模型制作中，比例越大，越应当注意表皮肌理效果的呈现。表现模型表皮肌理效果应当注意如下几点内容：

（1）主次分明

模型中任何装饰细节的表现都是为了增加模型的表现力和呈现界面的材料特征。在制作中必须清楚地知道，精彩的细节也需要统一在整个模型中，一味追求表现每一处的肌理效果，必然会导致整个模型主次不分，过于琐碎，使人眼花缭乱。

（2）比例明确

在制作模型的过程中，特别是初学制作模型时，经常会努力找到所要表现的材料，但选用的过程中有时会忽略材料的比例和模型比例间的吻合。例如，过大、过粗的表皮木纹理远远大于模型的比例，这会使整个模型都陷入错误之中。

在选择带有肌理或纹理的材料时，需要先按照模型比例算出纹理反映在模型中的尺寸，然后按照这一尺寸寻找合适的材料进行加工。如果自己在材料上制作纹理，也需要先计算出与整体尺度相对应的材料纹理的尺寸，再进行绘制或雕刻。

（3）制作精细

制作模型，尤其是成果模型，细心、精致是制作的前提。在绘制或制作模型表皮肌理效果时，需要有足够的耐心，细致地完成每个面的材料和肌理表现。

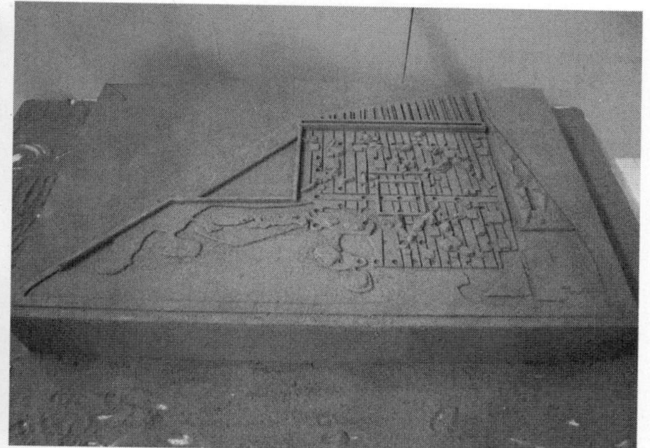

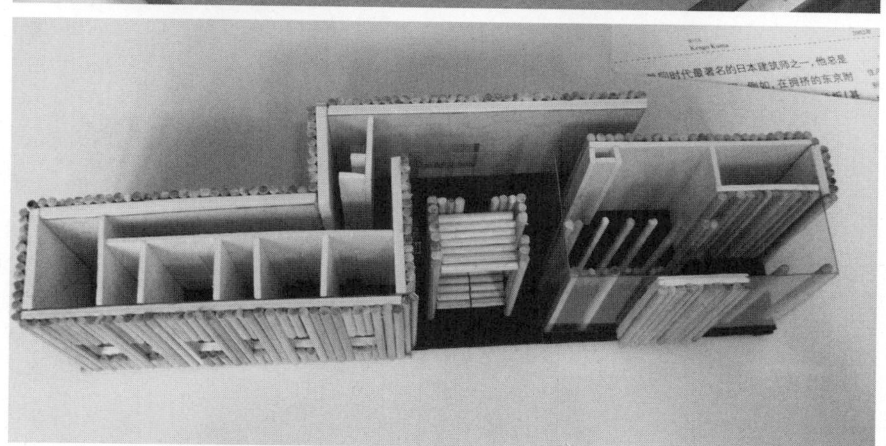

图 5–152　利用制作材料的边角余料按照正确比例切割成各种形状、大小的规则几何形，粘贴在建筑主体表面，用以在模型中表现建筑外立面的肌理效果。

图 5–153　用白色厚纸板制作的场地模型。为了突出表现质地，在白色纸板上均匀地用黄色细沙覆盖，使模型别有一番特色。

图 5–154　用符合比例的方木条制作的建筑模型外表皮。

图 5–155　用圆木棒制作的建筑模型外表皮。

图 5-156 图中模型表现的是混凝土外立面的别墅建筑。该模型用灰色厚纸板作主材，为表现出带圆孔的清水混凝土板材的效果，在厚纸板上用铁钉或无油墨的笔蕊压制出符合比例的圆孔。

图 5-157 错误比例的模型肌理。该模型中建筑主体选用的表皮材料的比例与建筑比例明显失调。用作环境道路的陶粒比例也不正确。所以在挑选有肌理效果的材料时，首先需要确定材料肌理的比例是否正确。

第 6 章
创意思维与模型制作

6.1 空间形态与组合关系的创意思维训练

空间形态与组合关系的创意思维训练课题内容，设置在建筑与环境艺术模型之前完成。课题是在三维空间中用抽象的手法对形态、体量、空间关系进行推敲、研究、模拟。

课题一　单一材料的空间分割与组合关系训练

课题主题：单一材料的空间分割与组合关系训练

课题周期：8 课时

制作要求：用单一材料——白色薄纸板或白色雪弗板——制作，要求在 300 mm × 300 mm 的正方形白色薄纸板或白色雪弗板上，用抽象的构成语言表达出空间分割方式及空间的组合关系——空间的竖向分割、空间的水平分割、包容式空间、空间的穿插、空间的线性组合、空间的中心式组合、空间的序列等。

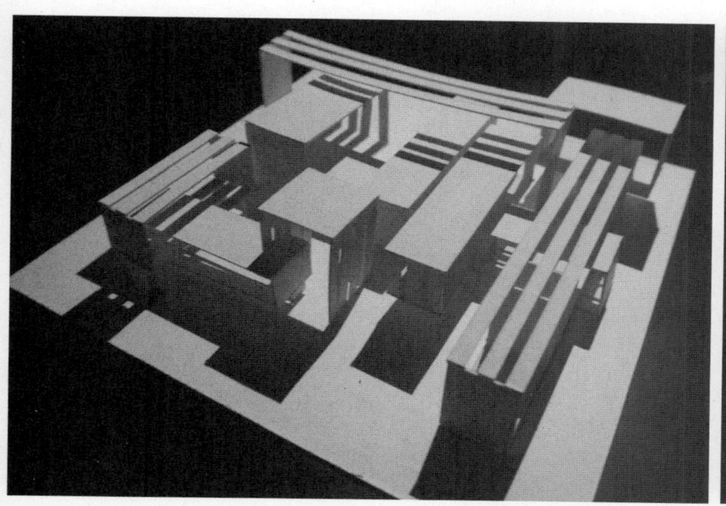

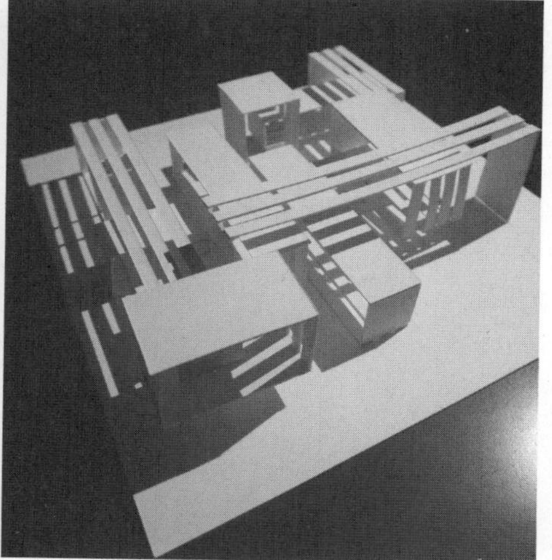

图 6-1 ~ 6-2　图中的构成训练是研究规则矩形所创建空间之间的相互穿插、邻接、过渡的组合关系。该构成作业在单一的材料和同尺度横截面单体构件基础上进行空间关系的创意训练。

图 6–3 ～ 6–4　图中的构成训练是研究多个环形空间的组合关系。

图 6–5 ～ 6–6　图中的构成训练是研究多个同心环形空间的组合关系及水平、竖向分割。

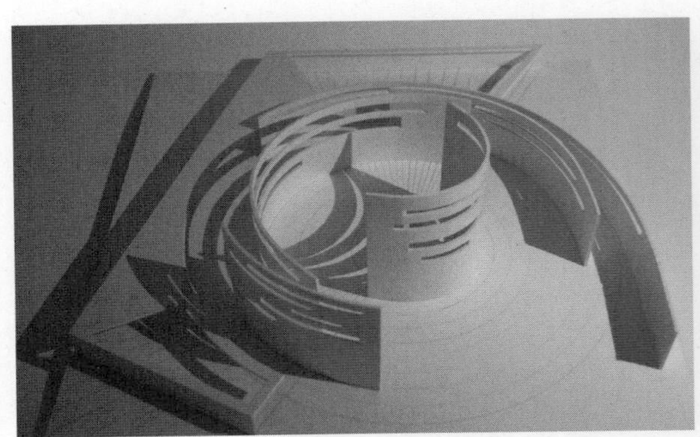

图 6–7　图中为不规则几何形空间与多环形空间的组合关系训练。

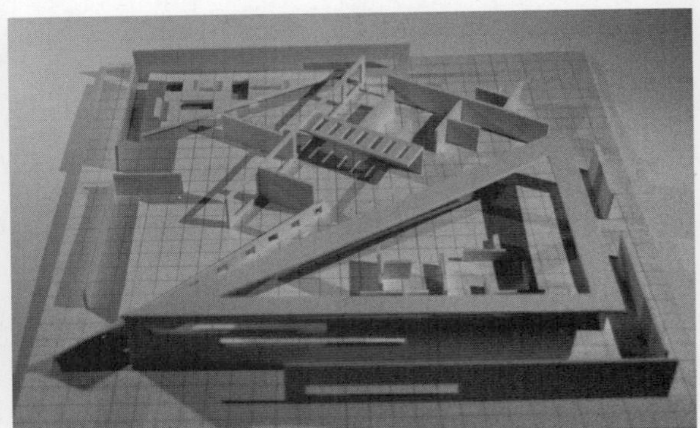

图 6–8　图中为水平与竖向分割的综合空间分割训练。

图 6–9　图中为竖向分割的单项训练。

课题二　综合材料的空间构成训练

课题主题：综合材料的空间构成训练

课题周期：16 课时

制作要求：不限制材料，可运用多种材料进行空间关系的构成练习。

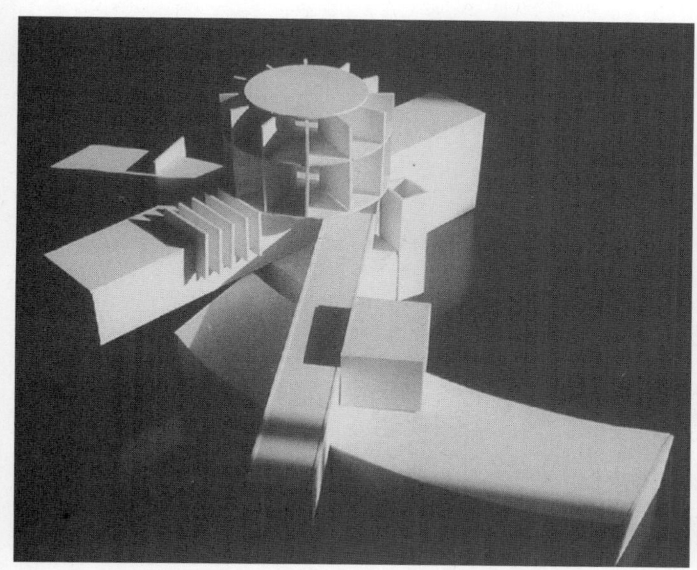

图 6–10　图中的构成训练使用的材料为白色厚纸板，运用抽象的构成手法训练对建筑体量与比例关系的空间感受。

图 6–11　使用着红色喷漆的亚克力板、银色喷漆的木条制作的空间构成训练作业，研究空间虚、实关系与体量关系。

图 6–12　使用喷银色模型漆的厚纸板为主材制作的空间构成训练。

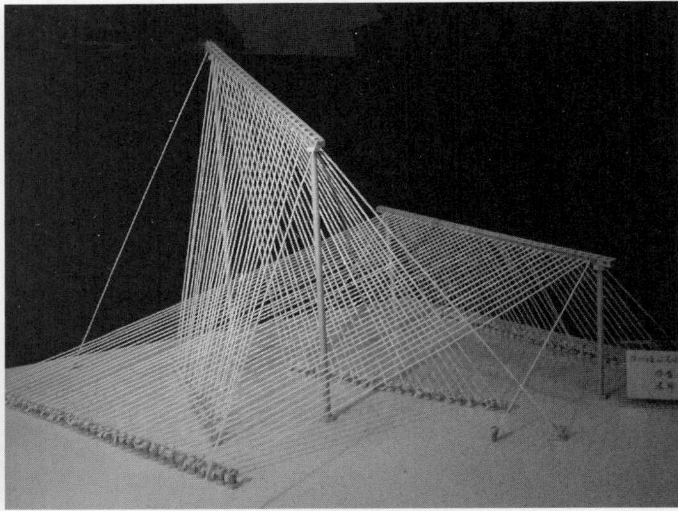

图 6–13　使用螺丝钉、粗麻线制作的空间构成作业。

图6–14　图中的构成训练运用铁丝和成品拼图块制作，用来推敲空间中的虚、实关系。

图 6–15　图中的构成训练运用粗细不一、被切割的实木木桩与粗铁丝制作，用来感受空间的线和体的对比，以及厚重与纤细的对比。

图 6–16　使用透明亚克力管材制作的空间构成训练作业。

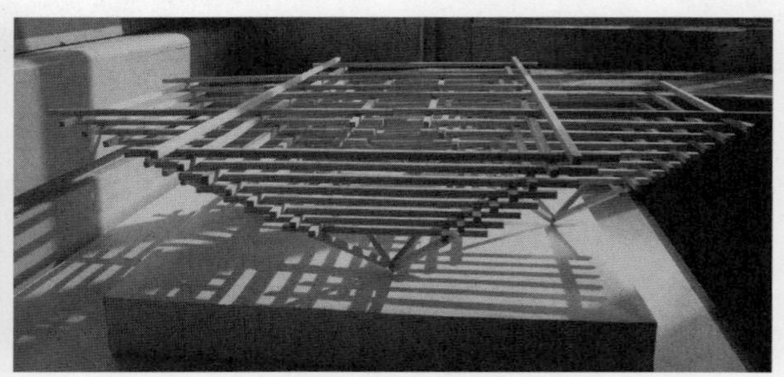

图 6–17　使用木条制作的空间构成训练作业。

图 6–18　图中的构成训练使用材料为透明亚克力板，运用三角形的基础元素，塑造空间中的构成美感。

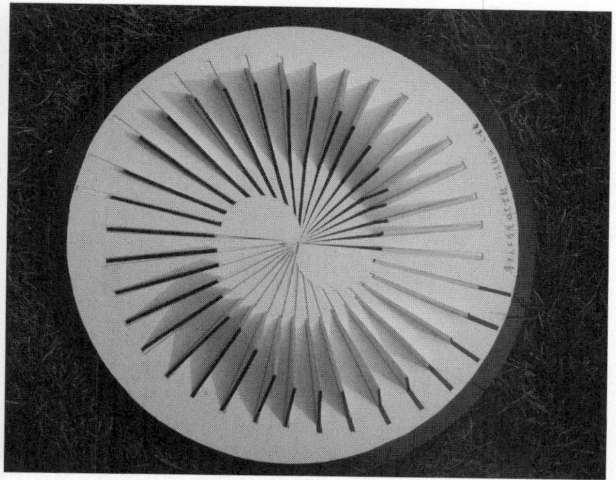

图 6–19　图中的构成训练使用材料为铝丝及白色弹力膜。运用点、线、面的结合感受建筑形态的抽象构成关系。

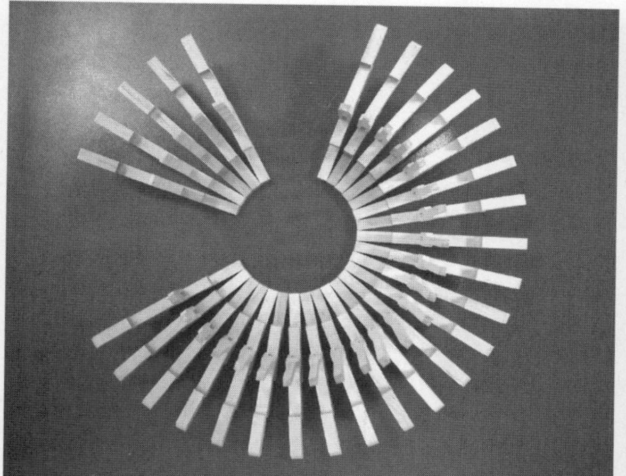

图 6–20　使用木工板切割制作的空间构成作业。

图 6–21　使用白色厚纸板制作的空间构成作业，研究空间的韵律感与秩序。

图 6–22　使用木方、钢钉、红色粗麻线制作的空间构成训练作业，研究空间的序列与点、线、面的对比。

图 6–23　使用白色 PVC 制作的空间构成训练作业。

6.2 建筑与环境艺术模型的创意与制作

课题一　建筑与场地关系模型制作训练

课题主题：建筑与场地关系模型制作训练

课题周期：48 课时

制作要求：重点研究建筑在场地中的植入方式及建筑与场地的关系。要求学生准确制作出建筑物的体量、比例关系及表皮；完整制作出建筑物所在场地的地形、道路或周边环境。

材料要求：学生根据建筑与场地特点，及自身对工具和材料的掌握进行选择。对使用的材料，课程中不做特殊限制。

案例一

■模型类型：建筑与场地关系模型

■制作课时：32 课时

■制作材料：2.5 mm 灰色厚纸板、2 mm 白色厚纸板、2 mm 黑色厚纸板

■加工方式：手工制作

■连接方式：UHU 万能胶

■制作比例：1∶100

■制作说明：该模型表现山地的一个建筑群及等高线建立的山地地形。模型中，充分运用黑、白、灰单色对比关系。用白色纸板表现建筑体、用灰色纸板表现等高线地形、用黑色纸板表现场地及底盘。

制作者特别挑选了单面带有纹理的厚纸板，带有纹理的一面是太白色，背面无纹理的一面是乳白色，细微的色差和肌理效果使该模型在表现建筑体量、比例、形态、动势的同时更加多变和丰富。

模型中的等高线地形使用灰色厚纸板制作，由于厚纸板本身具有较好的自身支撑能力，以及模型的主体建筑重量较轻，因此在制作该模型等高线时，等高线被遮挡的内部都采用了中空的方式，既节省纸板材料又减轻了模型整体的自重。

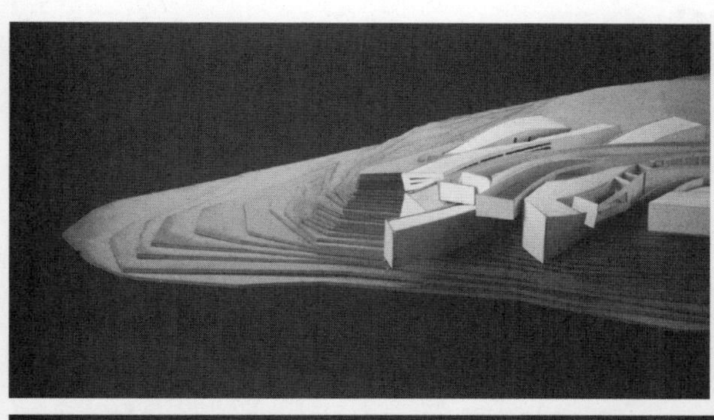

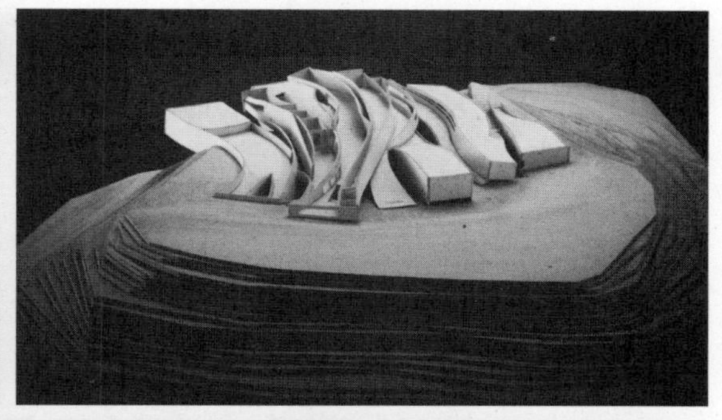

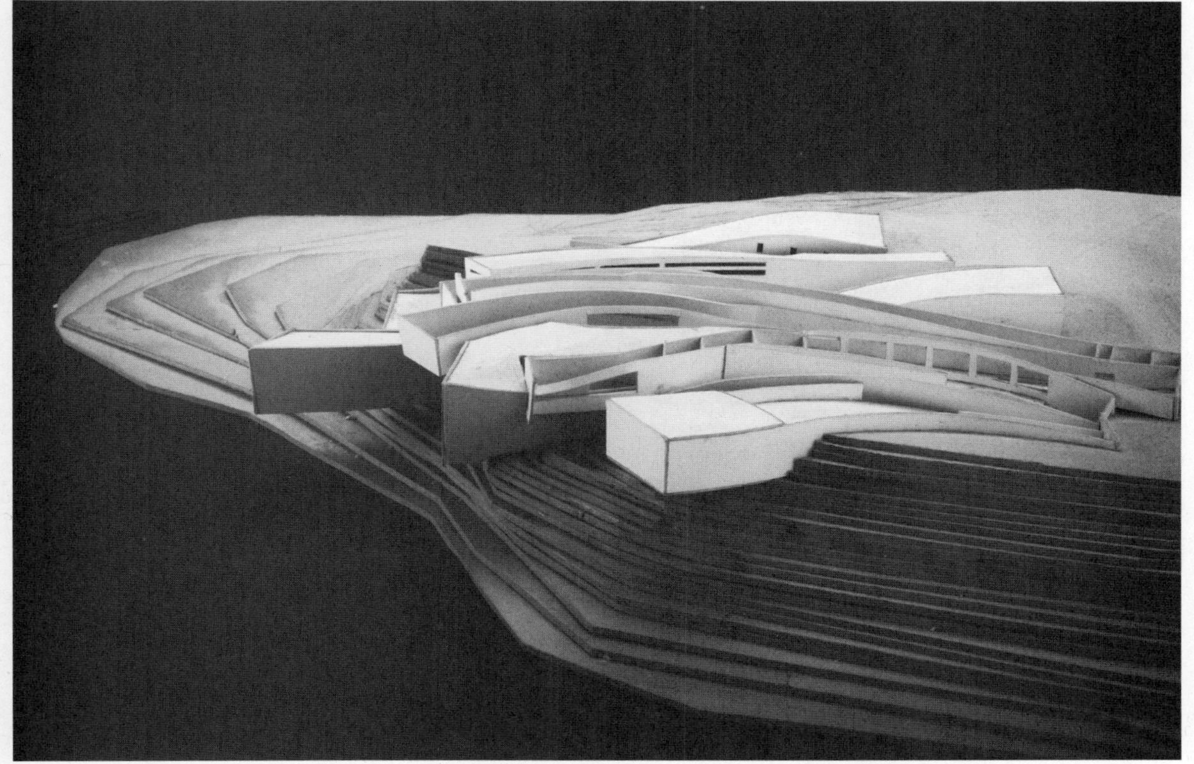

案例二

■模型类型：建筑与场地关系模型

■制作课时：32 课时

■制作材料：3 mm 白色厚纸板、5 mm 瓦楞纸板、1 mm 透明亚克力板

■加工方式：手工制作

■连接方式：UHU 万能胶

■制作比例：1∶100

■制作说明：该模型表现的是单体别墅建筑及其所在的场地及地形。该模型只运用了白色厚纸板和瓦楞纸板两种主材料，分别表现出主体建筑和地形。

模型主体用统一的白色厚纸板和透明亚克力板，地形统一使用瓦楞纸板制作等高线地形。模型主要研究建筑体的形态以及与环境地形的关系。

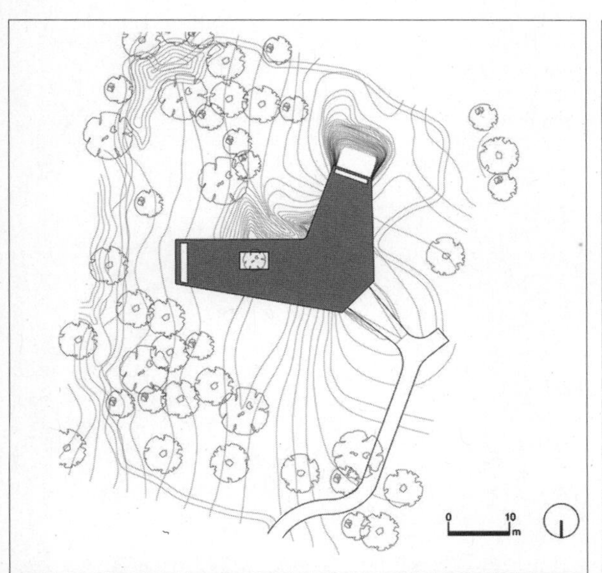

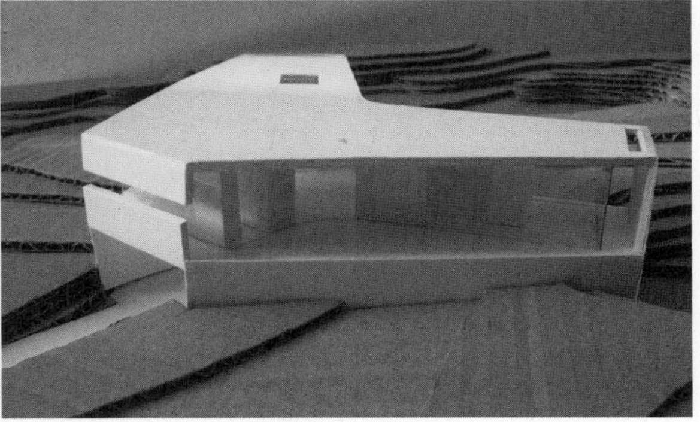

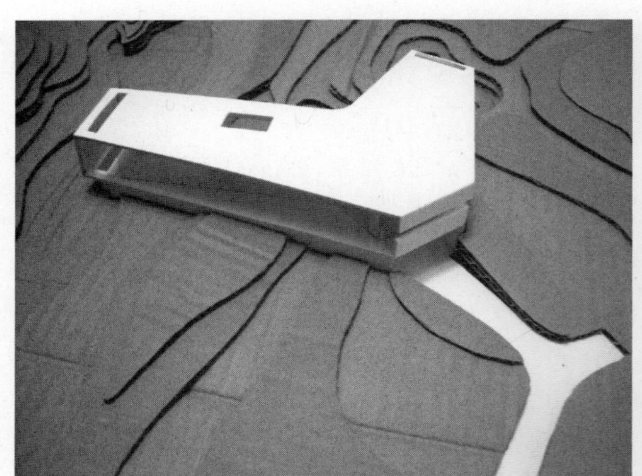

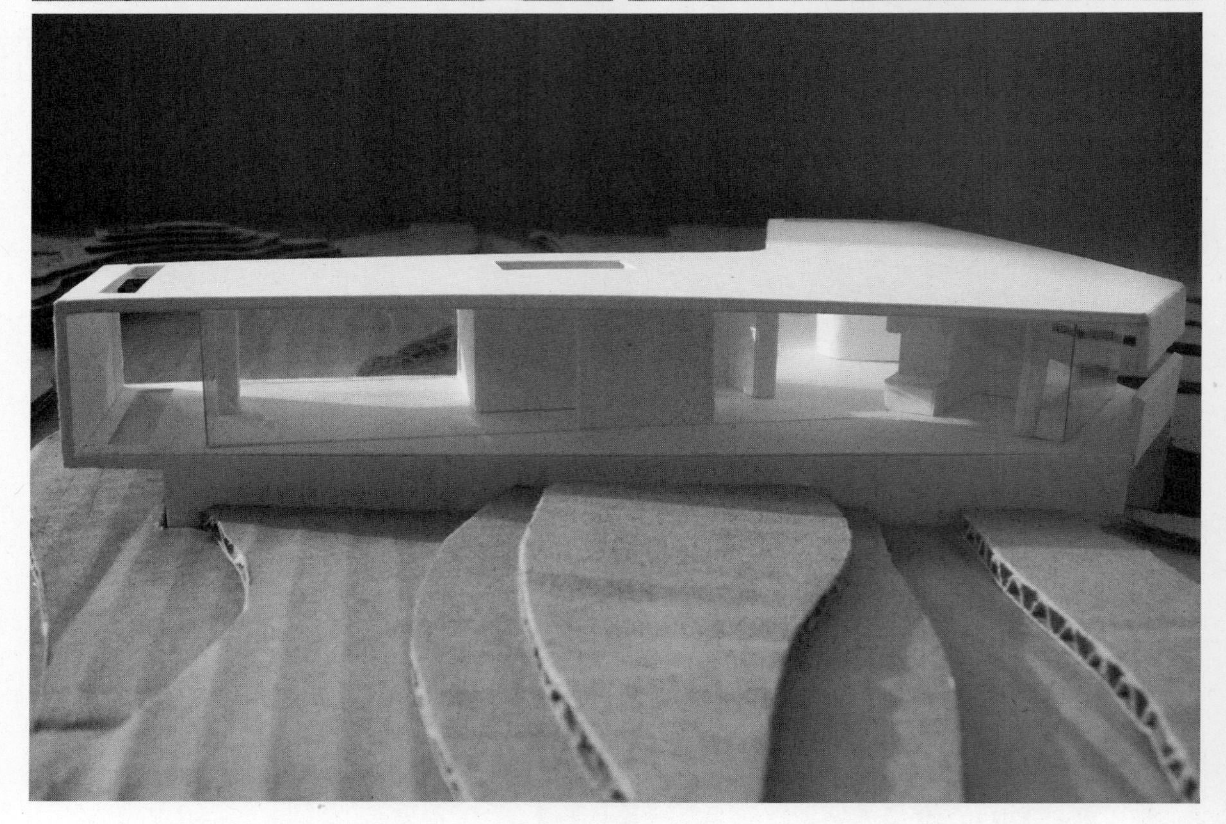

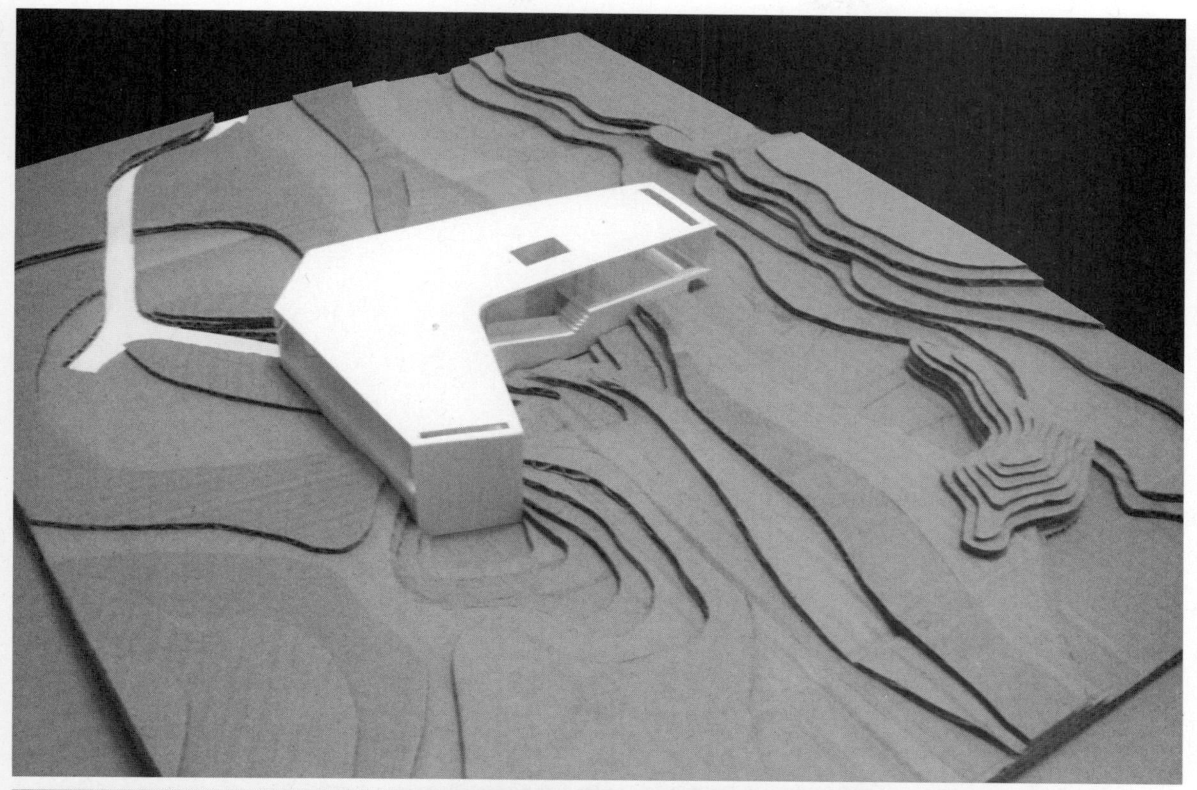

案例三

■模型类型：建筑与场地关系模型

■制作课时：32 课时

■制作材料：2 mm 白色厚纸板、1 mm 透明亚克力板、1 mm 黑色卡纸、木屑、黄绿色草粉、面巾纸、透明亚克力薄片、蓝色色纸、灯泡、电池、电线

■加工方式：手工制作

■连接方式：大头针、UHU 万能胶、乳白胶

■制作比例：1∶150

■制作说明：该模型表现了与坡地景观“亲密”结合的建筑组合体。模型主体建筑使用白色厚纸板为主材，配合黑色卡纸和透明亚克力板。局部建筑外立面的表皮制作使用木屑附着在厚纸板表面表现出立面的肌理效果。

山地环境的制作利用面巾纸附着在建筑表面，待干燥后，表面再依次附着木屑和草粉来制作山坡。

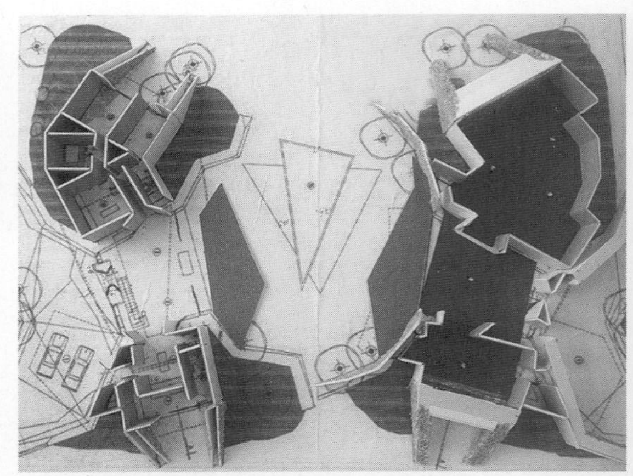

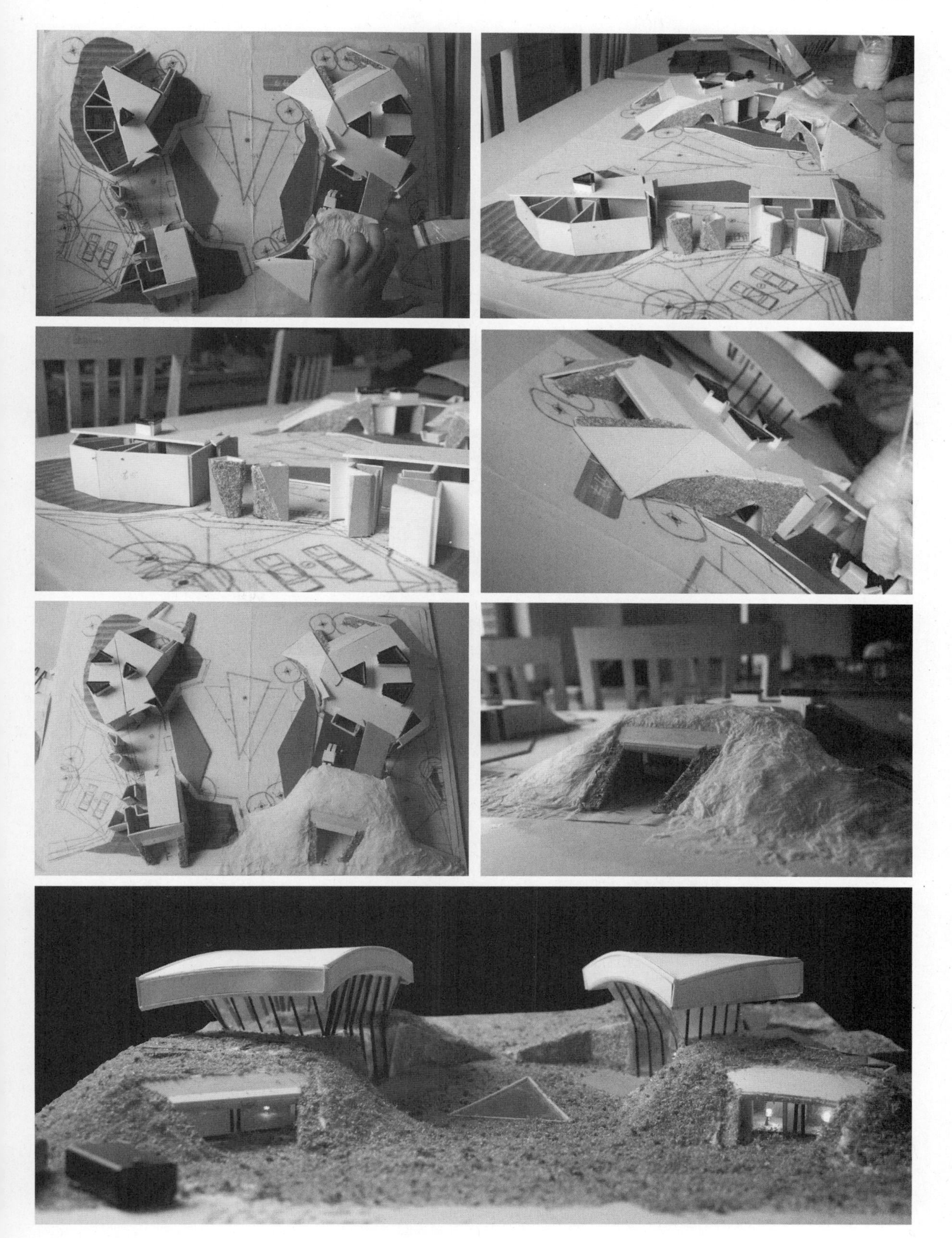

案例四

■模型类型：建筑与场地关系模型

■制作课时：32 课时

■制作材料：2 mm 白色厚纸板、2.5 mm 白色雪弗板、5 mm 白色雪弗板、绿色草皮、树木型材、浅蓝色色纸、透明亚克力薄片、带纹理米黄色纸

■加工方式：手工制作

■连接方式：UHU 万能胶

■制作比例：1∶100

■制作说明：该模型虽然使用了较多小型辅助材料，但整个模型统一在了白色色调下，模型主体使用了白色厚雪弗板，场地中的部分环境景观使用了白色薄雪弗板和白色厚纸板。虽然运用了不同厚度、不同质感的材料，但颜色一致，使整个模型既统一又富有变化。

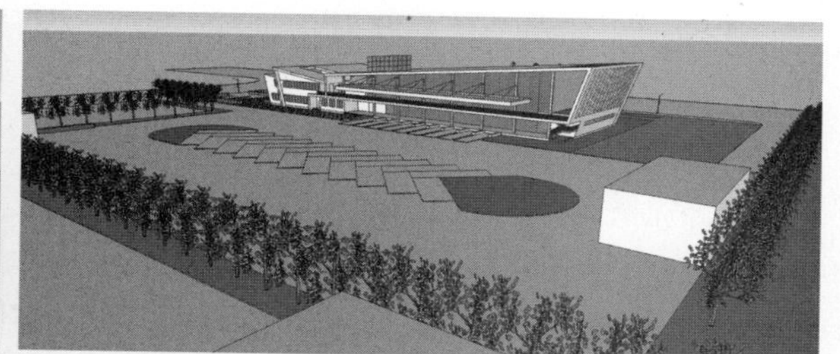

课题二　建筑单体模型制作训练

课题主题：建筑单体模型制作训练

课题周期：48 课时

制作要求：重点研究建筑单体的体量关系、建筑外部形态特征、各立面间的比例关系等。适度表现建筑单体所在区域的周边环境（道路、现有建筑等）。

材料要求：单一材料或综合材料。本课题对使用的材料类型和数量都不做限定。学生可以根据建筑单体的自身特点选材。可以将整个模型用单一材料表现，也可以根据需要选择多种模型材料搭配。

案例一

■ 模型类型：建筑单体模型

■ 制作课时：32 课时

■ 制作材料：5 mm 航模板、木刨花、丝瓜筋、1 mm 透明亚克力板、人物型材

■ 加工方式：手工制作

■ 连接方式：UHU 乳白胶

■ 制作比例：1：100

■ 制作说明：该模型制作的是西班牙一个沙漠中的礼拜堂建筑。模型几乎全部使用航模板这一种材料制作建筑主体和场地的地形。为了使模型几个主要立面连接更稳固，制作者用榫卯结构将模型主体的底面和主立面牢固连接。

为了表现与建筑所在环境相协调的沙漠植物，制作者选择利用木刨花来表现沙漠中的低矮植物群，利用丝瓜筋来表现高大仙人掌等沙漠植物。

模型中的礼拜堂建筑的立面玻璃用油性马克笔绘制出了彩色玻璃的效果。

案例二

■ 模型类型：建筑单体模型

■ 制作课时：32 课时

■ 制作材料：2 mm白色厚纸板、1 mm透明亚克力板、ϕ3 mm白色PVC管

■ 加工方式：手工制作

■ 连接方式：UHU 万能胶

■ 制作比例：1∶120

■ 制作说明：该模型制作的是希腊雅典新卫城博物馆建筑。该模型运用单色制作，建筑主体与周围环境都使用白色厚纸板作为主材。模型主要研究博物馆建筑形态的构成、各层面之间的关系，而没有致力于表现建筑的表皮肌理效果。

该博物馆建筑所在的现场周围包括其他建筑，在模型制作中，制作者将周边建筑所在位置在场地上进行定位，但并不按照周边建筑原貌制作出建筑体量模型，而是仅仅勾勒出所在位置，便于在表现周边环境的同时突出并着重制作博物馆建筑这一模型主体。

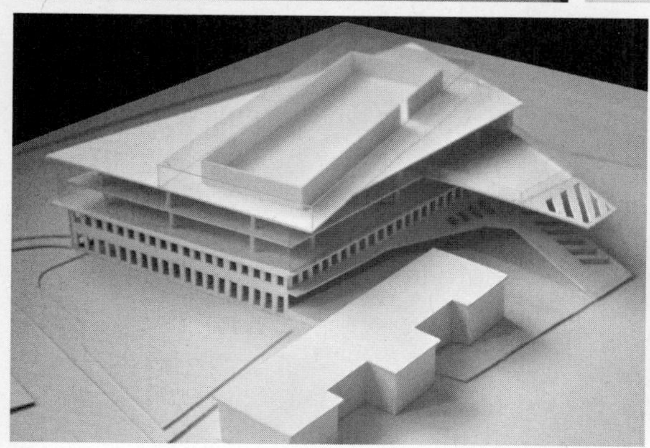

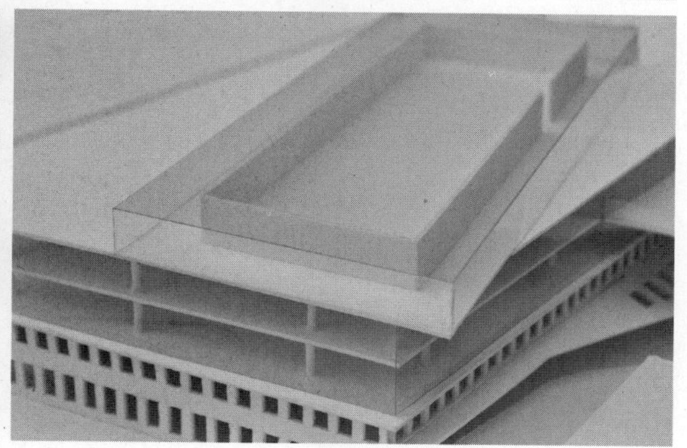

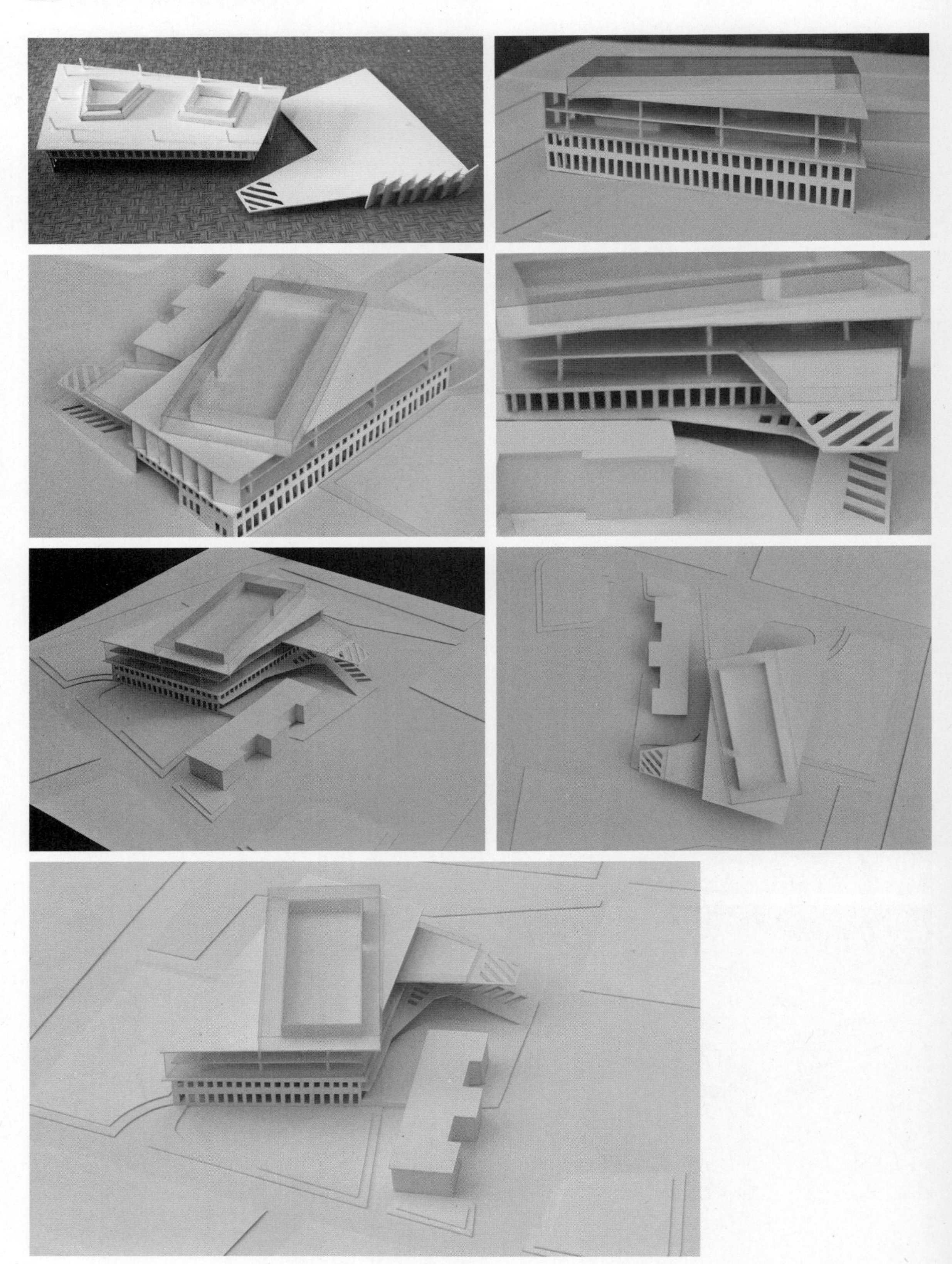

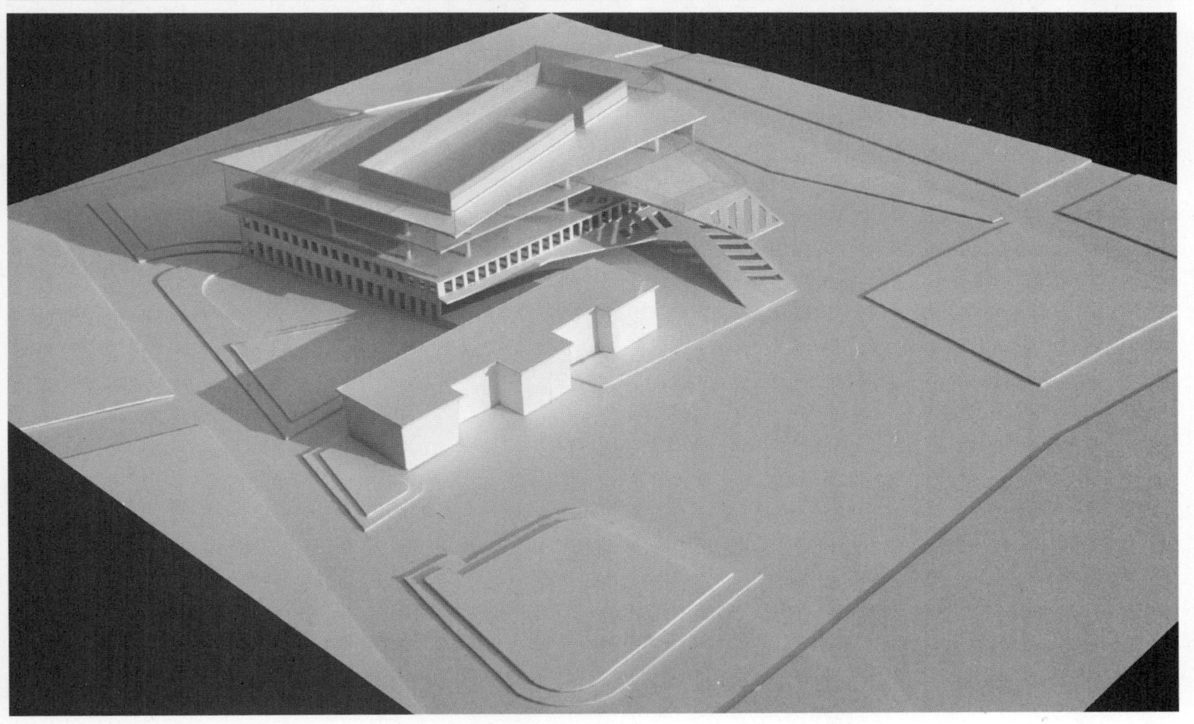

案例三

■ 模型类型：建筑单体模型

■ 制作课时：32 课时

■ 制作材料：3.5 mm 白色厚纸板、2 mm 透明亚克力板、10 mm 透明亚克力块、人物型材、汽车型材

■ 加工方式：手工制作、数控铣床辅助切割

■ 连接方式：UHU 万能胶

■ 制作比例：1∶100

■ 制作说明：该模型主体及环境地块均使用单一材料制作，建筑主体使用白色厚纸板手工切割制作。10 mm 透明亚克力块在模型中用来表现景观小品或调解构图。这类透明亚克力块很难手工加工，需要借助数控机械设备加工。

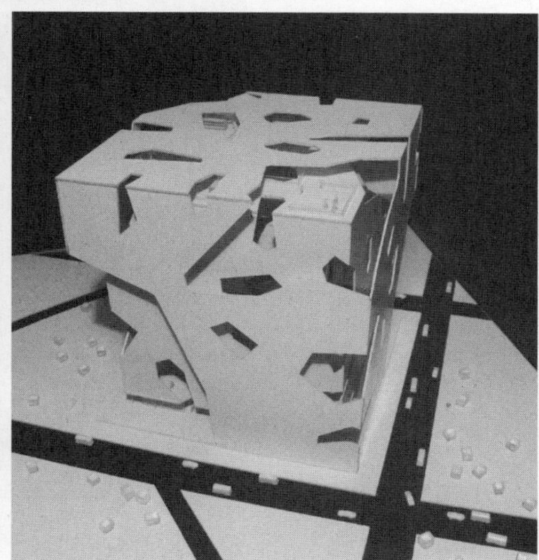

案例四

■ 模型类型：建筑单体模型

■ 制作课时：32 课时

■ 制作材料：2 mm 白色厚纸板、1 mm 透明亚克力板、灯泡、电池、电线

■ 加工方式：手工制作

■ 连接方式： UHU 万能胶

■ 制作比例：1 ∶ 150

■ 制作说明：该模型表现的是日本金泽 21 世纪美术馆建筑。整个模型主体和场地都使用白色厚纸板，局部窗口位置运用透明亚克力板，以同一材质研究建筑的比例关系和形态。

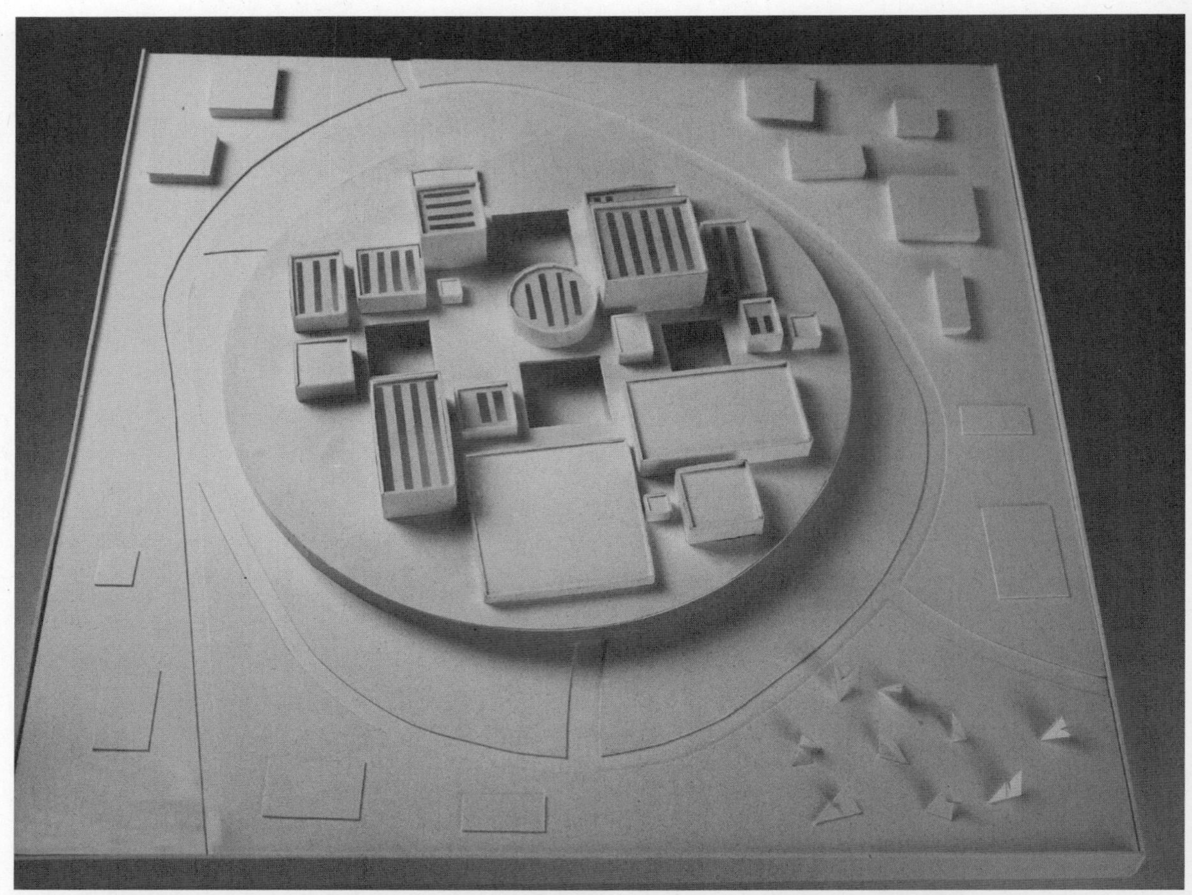

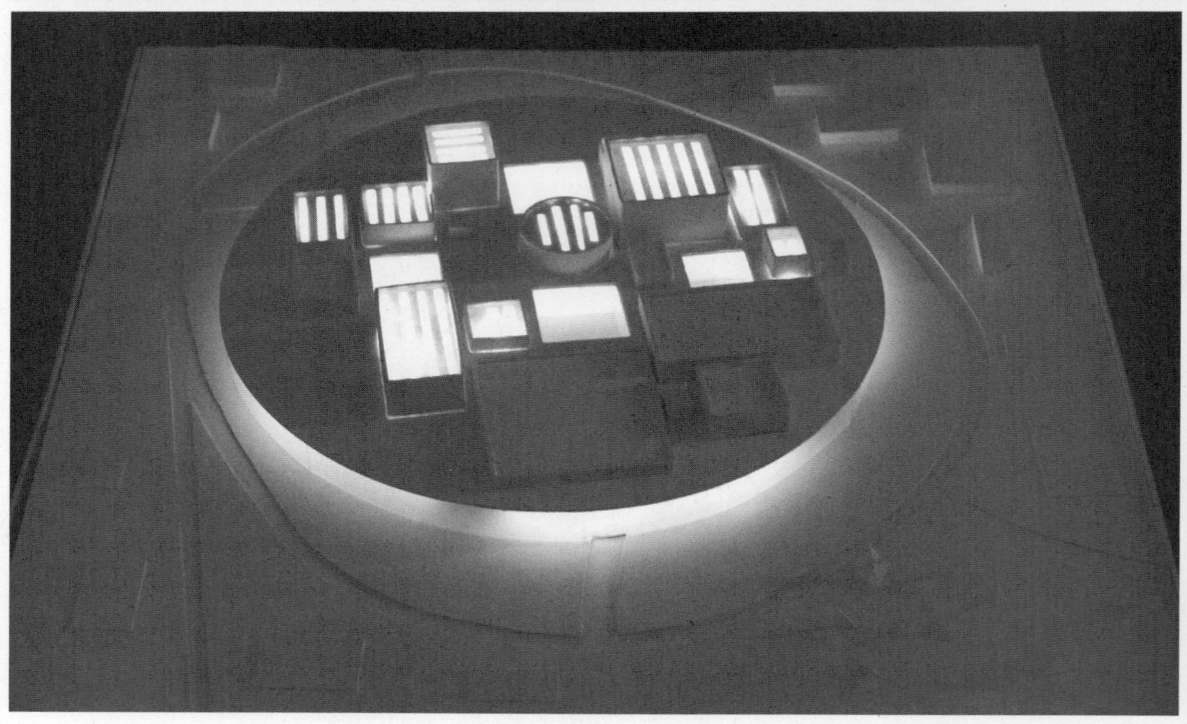

课题三　建筑群落模型制作训练

课题主题：建筑群落模型制作训练

课题周期：48 课时

制作要求：重点研究建筑群落与场地环境的关系以及群落内部关系系统。包括群落内部各单体建筑的体量、每个单体间的整合关系。课题设计中有原创设计方案的模型表达，也有用模型的方式临摹大师的建筑作品。

材料要求：单一材料或综合材料。本课题对使用的材料类型和数量都不做限定。学生可以根据建筑单体的自身特点选材。可以将整个模型用单一材料表现，也可以根据需要选择多种模型材料搭配。

案例一

■ 模型类型：建筑群落模型

■ 制作课时：32 课时

■ 制作材料：2 mm 黑色厚纸板、2 mm 白色厚纸板、2 mm 透明亚克力板、土黄色瓦楞纸、银灰色瓦楞纸、灰绿色带纹理彩色卡纸、浅蓝色色纸、浅绿色色纸

■ 加工方式：手工制作

■ 连接方式：UHU 万能胶

■ 制作比例：1∶100

■ 制作说明：该模型是为无锡太湖软件园建筑方案制作的工作模型，使用了较多辅助材料，材料的肌理和色彩各不相同。能够很好地将不同建筑与环境材质清晰表现又使整个模型协调、统一并不容易，因此，制作者使用黑、白两色厚纸板制作主体建筑模型，其他模型材料都选择灰调的各种颜色和相似材质，形成了黑、白、灰三个调子，使整体模型色彩和质感非常和谐。

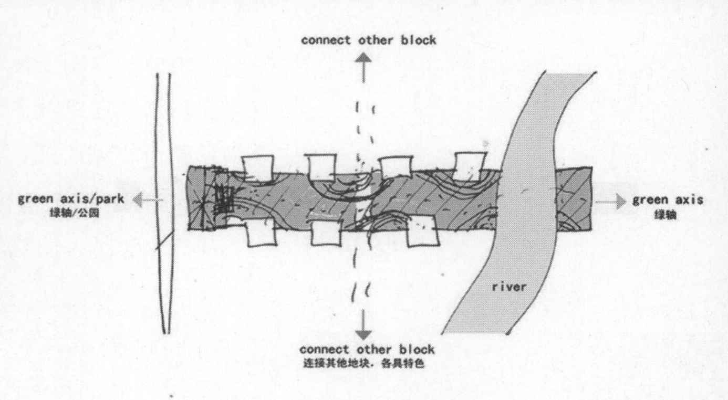
connect other block
green axis/park
绿轴/公园
green axis
绿轴
river
connect other block
连接其他地块，各具特色

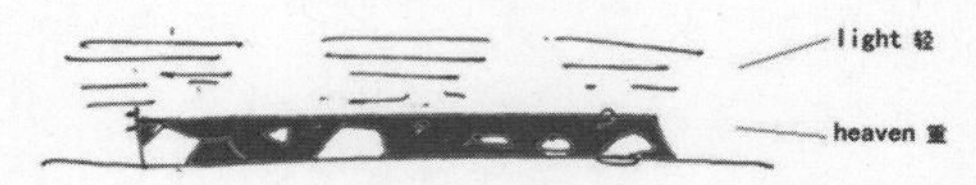
light 轻
heaven 重

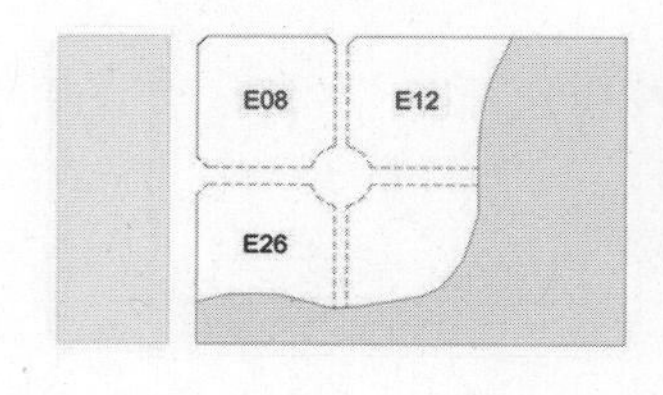
E08
E12
E26

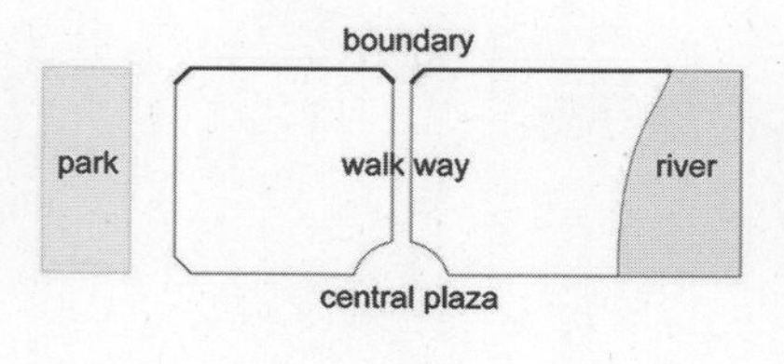
boundary
park
walk way
river
central plaza

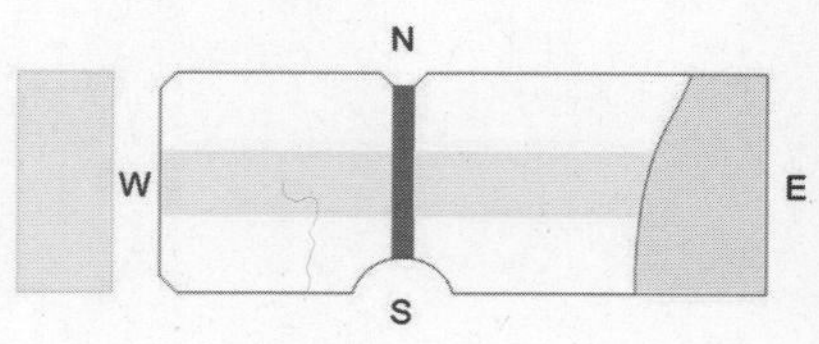
N
W
E
S

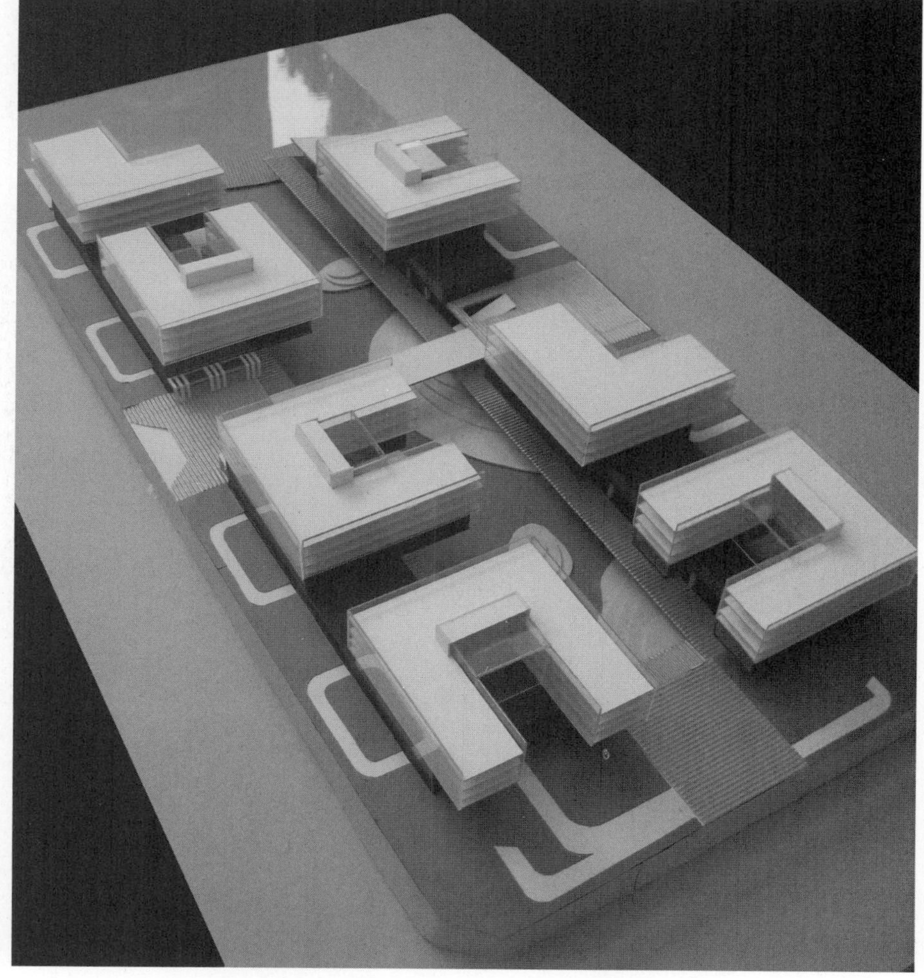

案例二

■模型类型：建筑群落模型

■制作课时：32 课时

■制作材料：2 mm 白色厚纸板、2 mm 透明亚克力板、1 mm 牛皮纸、木块、5 mm 白色雪弗板、透明亚克力薄片、拷贝纸

■加工方式：手工制作

■连接方式：UHU 万能胶

■制作比例：1∶100

■制作说明：该集合住宅建筑设计采用的设计理念是将一个单体建筑形态复制出多个并重新排列和扭转，形成一个全新的建筑集合体，在包含了空间趣味性和复杂性的同时又不缺乏建筑群的整体感。

该模型选择很概念的制作手法，利用模型重点推敲设计中建筑单体和单体的关系、建筑单体和整体的关系、建筑群和其周围环境的关系。

模型主体完全采用白色厚纸板制作。

模型场地的地形变化使用白色雪弗板进行高差调节，场地表皮用牛皮纸制作，场地中的水池利用薄而半透明的拷贝纸表层附着亚克力薄片表现。

配合整体风格，模型中的树木用透明亚克力板切割成长短不同的竖条，垂直或倾斜放置在示意树池的场地内。

部分建筑屋顶设有休闲椅子，椅子的制作则是利用牛皮纸的边角余料切割成方形，多层牛皮纸粘贴表现休闲椅子的形象。

模型中的小木块主要用来示意场地内的景观配件，另外的目的是在整个模型画面中充当构图的“点”。

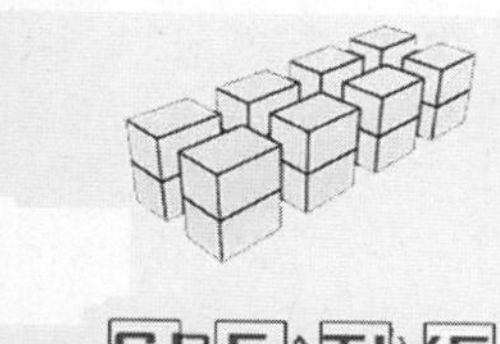

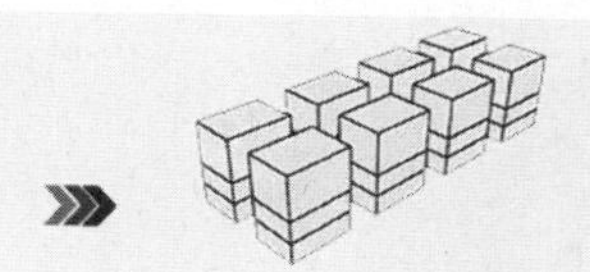

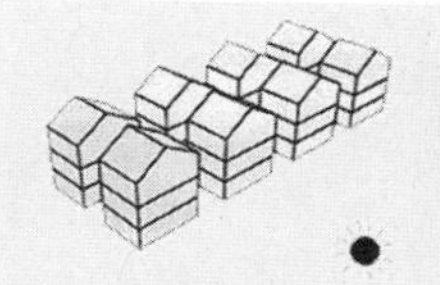

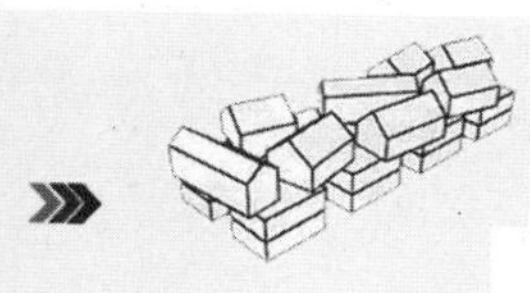

CREATIVE
MUNDANE

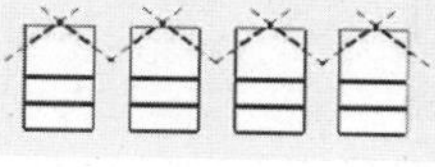

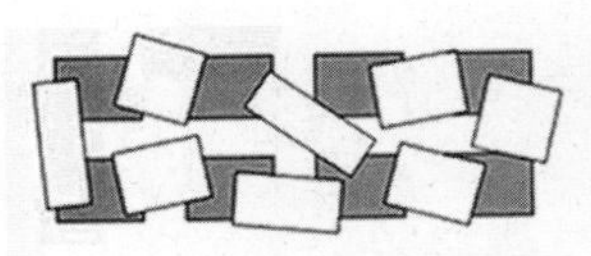
楼层示意图

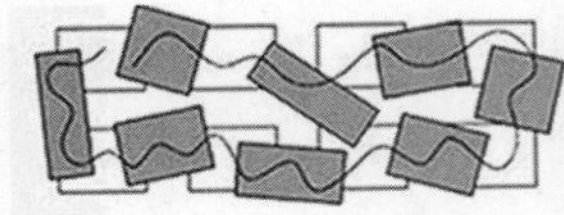
流线示意图

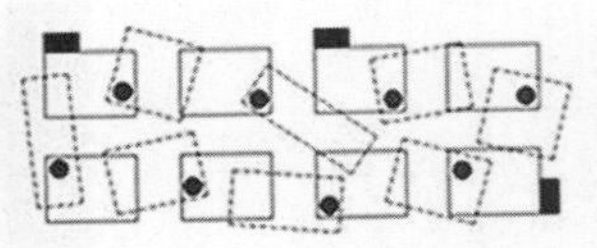
楼梯示意图

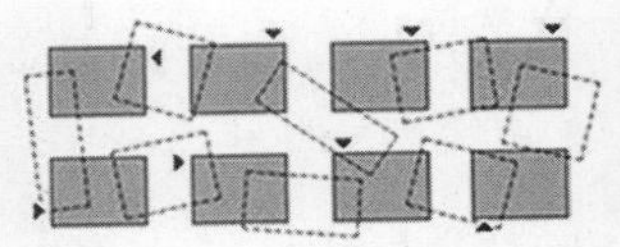
入口示意图

案例三

■ 模型类型：建筑群落模型

■ 制作课时：32 课时

■ 制作材料：2 mm 白色厚纸板、灰色转印贴、透明亚克力薄片、深蓝色色纸、草皮、树枝、橡皮泥、8 mm 白色雪弗板、黑色 KT 板

■ 加工方式：手工制作

■ 连接方式：UHU 万能胶

■ 制作比例：1∶150

■ 制作说明：制作的模型是苏州博物馆的整体建筑和园林模型。建筑主体着力按照建筑设计的真实色彩，用白色的厚纸板和灰色转印贴制作。

场地地面的制作选择了白色雪弗板，将雪弗板按图纸切割掉水面的部分，在雪弗板下方衬上深蓝色色纸和透明亚克力薄片，表现出水面的效果。

植物的制作选择了按比例捡拾的细小树枝，石头的制作选择了混合几种相近颜色的橡皮泥切割而成。

课题四　独立住宅建筑模型制作训练

课题主题：独立住宅建筑模型制作训练

课题周期：48 课时

制作要求：针对独立住宅建筑（独立别墅），重点分析独立住宅建筑的外部建筑形态构成及内部空间组织构建，以及建筑与所在场地的植入关系及周边的自然和人工环境。

材料要求：单一材料或综合材料。课题中，主要研究独立住宅类建筑的空间、表皮、场地特征、周边环境。对模型制作使用的材料类型和用材数量都不做限定。学生可以根据选择制作的独立住宅自身特点选材。可以将整个模型用单一材料表现，也可以根据需要选择多种模型材料搭配。

案例一

■ 模型类型：独立住宅建筑模型

■ 制作课时：32 课时

■ 制作材料：3 mm 灰色厚纸板、牛皮纸、1 mm 透明亚克力板、格栅型材、4 mm 瓦楞纸板、灰绿色薄卡纸、浅蓝色色纸、透明亚克力薄片、树木型材、大头针

■ 加工方式：手工制作

■ 连接方式：UHU 万能胶

■ 制作比例：1∶100

■ 制作说明：模型表现的是智利某幢清水混凝土别墅建筑。建筑是两层的独立住宅建筑。

该模型的制作运用了多种材料和色彩，但各种材料和色彩都达到非常统一。模型中选用的材料色彩种类多，但均统一在了一个灰调子的主基调下，与模型主体建筑的灰色既对比又协调。

灰色厚纸板是为了表现建筑的主要材料——清水混凝土。为了更好地用模型表现建筑，要求学生将开孔的混凝土板用灰色厚纸板表达清楚。因此，在制作中，将每个立面上的厚纸板都利用无油墨的笔芯做了压孔制作。

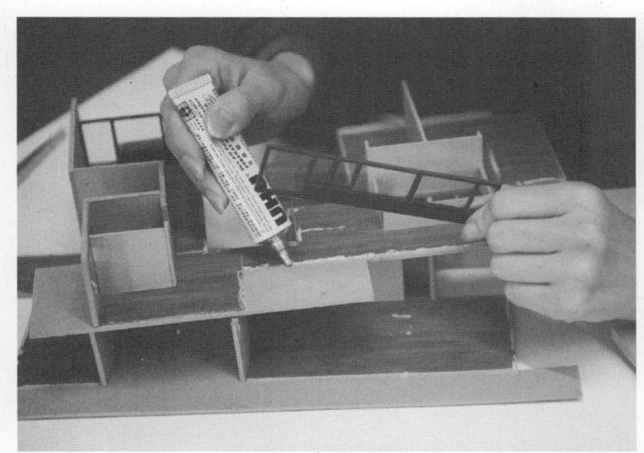

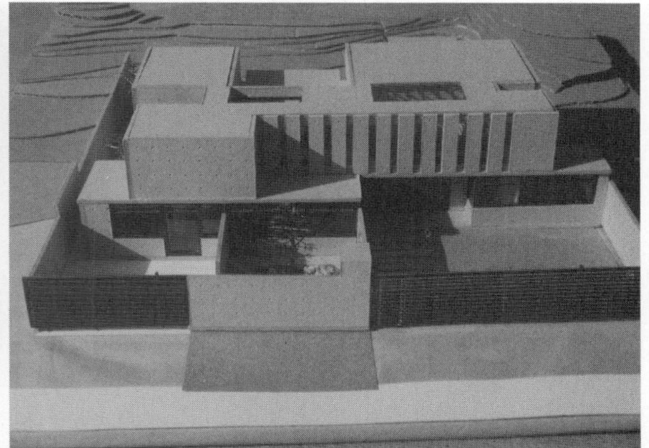

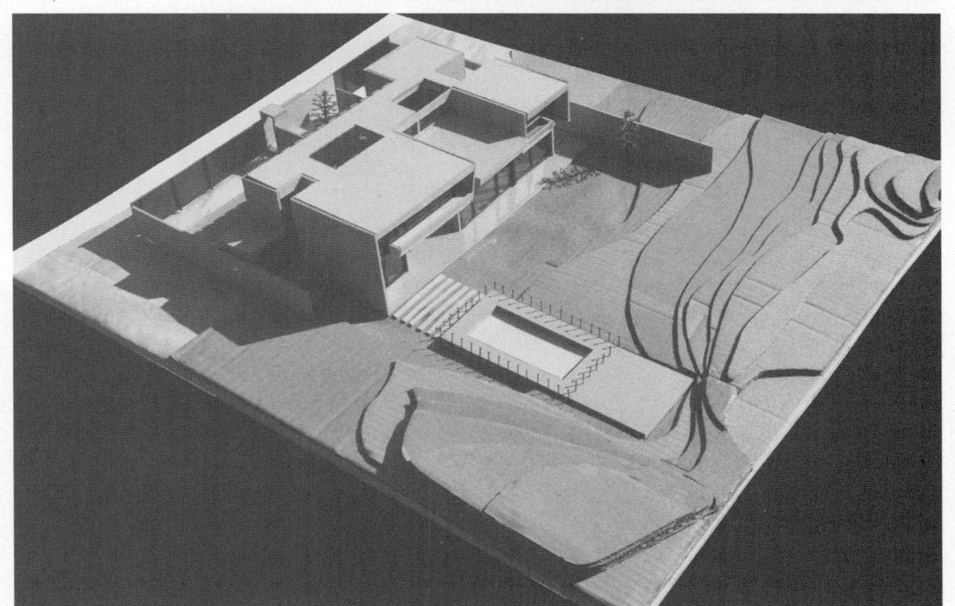

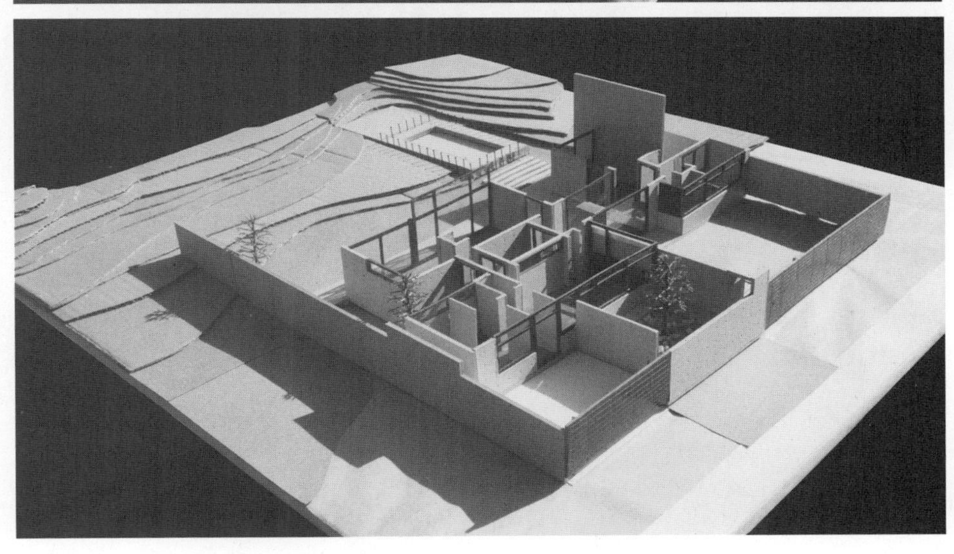

案例二

■模型类型：独立住宅建筑模型

■制作课时：32 课时

■制作材料：2 mm 白色厚纸板、1 mm 透明亚克力板、8 mm 瓦楞纸板、蓝色色纸、透明亚克力薄片、牛皮纸、树木型材

■加工方式：手工制作

■连接方式： UHU 万能胶

■制作比例：1∶100

■制作说明：该模型表现三层附带泳池的独立住宅建筑以及道路和周边地形。模型建筑主体和道路统一使用白色厚纸板制作。

等高线地形用瓦楞纸板制作。

模型中的树木一部分从市场中挑选合适比例的树木型材，一部分现场手工制作，呈现出高低错落的层次变化。

案例三

■模型类型：独立住宅建筑模型

■制作课时：32 课时

■ 制作材料：2 mm 白色厚纸板、报纸、面巾纸、草粉、树木型材、硅胶、1 mm 透明亚克力板、打印的石材贴图纸、瓦楞纸板

■加工方式：手工制作

■连接方式：UHU 万能胶、乳白胶

■制作比例：1∶150

■ 制作说明：该模型是表现山地别墅的建筑及环境模型。模型的主体用白色厚纸板制作，按照建筑中的材料设计，制作者通过 Photoshop 软件，按比例编辑出建筑外立面材料的图片，打印出来，再剪切并粘贴到厚纸板上。

地形的制作是利用旧报纸堆积出地形，在表皮铺盖面巾纸，待干燥后着色，最后覆盖草粉和“栽种”树木。

在建筑主体模型和地形分别制作完成后，将其组装。

案例四

■ 模型类型：独立住宅建筑模型

■ 制作课时：32 课时

■ 制作材料：2 mm 白色厚纸板、1 mm 透明亚克力板、8 mm 白色单面瓦楞厚纸板、ϕ2 mm PVC 管、透明吸管、面巾纸、黄色植绒粉、小干花、蛤蜊壳

■ 加工方式：手工制作

■ 连接方式：UHU 万能胶

■ 制作比例：1∶100

■ 制作说明：该模型是表现格林住宅的模型制作习作。建筑坐落在宾夕法尼亚州东北部一座绿意盎然的山上，住宅看上去像一艘在运动中被阻止的保持平衡姿态的太空飞船。经过多次修改之后，格林住宅的最终成品以木材建造，悬臂钢梁、外露的混凝土板、动态的模数化的美感和独具特色的尖角端部，还保持着最初的设计概念。

模型制作中强调了模块式的尖锐锋利的端部，用白色的硬纸板表现原设计中的木结构，干脆利落的结构和挺拔有力的外形能够更为突出建筑在美学上的动态以及模数化。

模型中建筑周边环境并没有使用传统的草皮、草粉等材料，而是完全用原创的方式制作。利用黄色植绒粉混合被砸碎的蛤蜊壳，再根据比例放置小干花和草，制作出独具特色的建筑周边环境。

课题五　场地与建筑景观模型制作训练

课题主题：场地与建筑景观模型制作训练

课题周期：48 课时

制作要求：重点研究的内容为建筑景观模型制作，以及建筑景观如何在充分分析场地特征后使自身从场地中突显出来或融入进去。课题设计中有原创设计方案的模型表达，也有用模型的方式对其他优秀设计方案的表现。

材料要求：单一材料或综合材料。学生可根据每个模型需要表达的重点和自身对材料的掌握进行选择。

案例一

■ 模型类型：场地与建筑景观模型

■ 制作课时：32 课时

■ 制作材料：2.5 mm 黑色厚纸板、8 mm 土黄色瓦楞纸板、0.8 mm 透明亚克力板、1.5 mm 透明亚克力板

■加工方式：手工制作

■连接方式：UHU 万能胶

■制作比例：1∶150

■制作说明：该模型是为“FLOW-2 建筑与景观设计”而制作的工作模型。方案设计之初就提出了题为“Where are our building（我们的建筑在何处）”的主题方向，将景观与大地融合，而将建筑向地下延伸，因此用 FLOW（流逝的建筑）来作为设计的主题。

模型制作主要着力于表现地面以上建筑和景观的设计内容及示意出向下延伸的建筑的动势和建筑入口。模型中红线内的地面景观和建筑利用黑色厚纸板和透明亚克力板制作，使模型的地面和地上主体建筑、地上景观形成高度统一的关系。

周边的地形使用瓦楞纸板制作，模型主体与周边地形形成了色彩上的对比、协调。

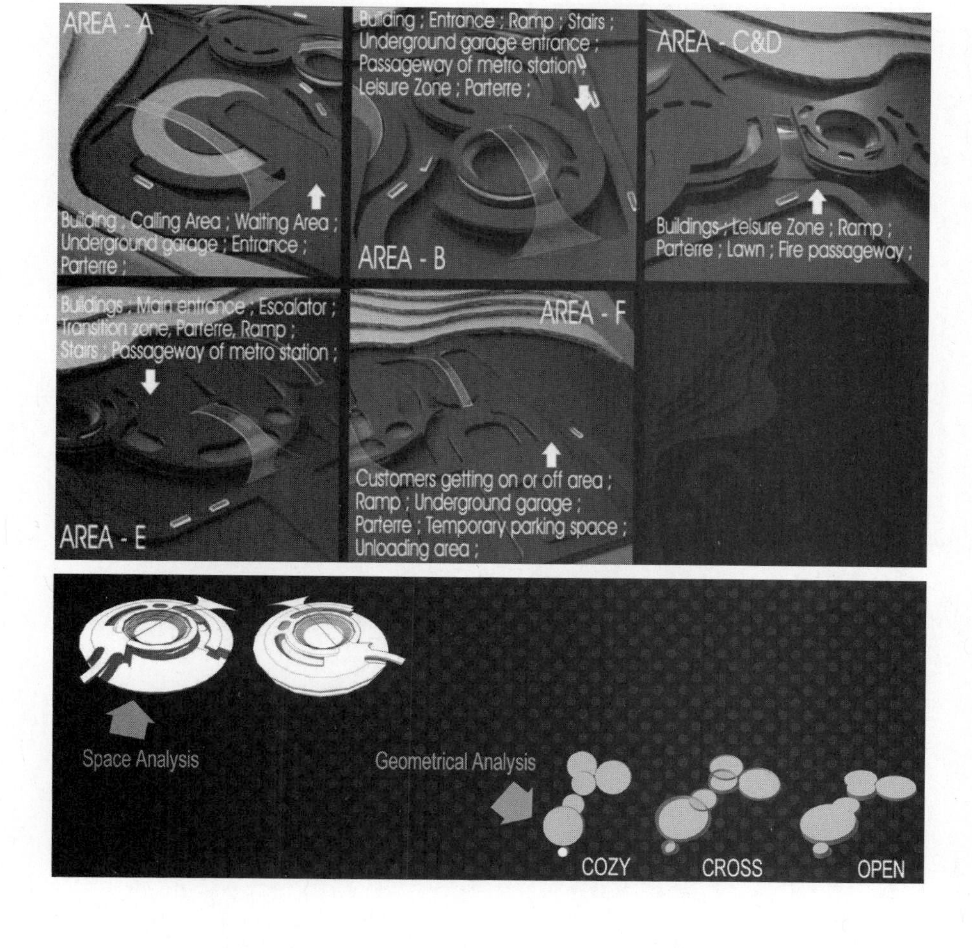

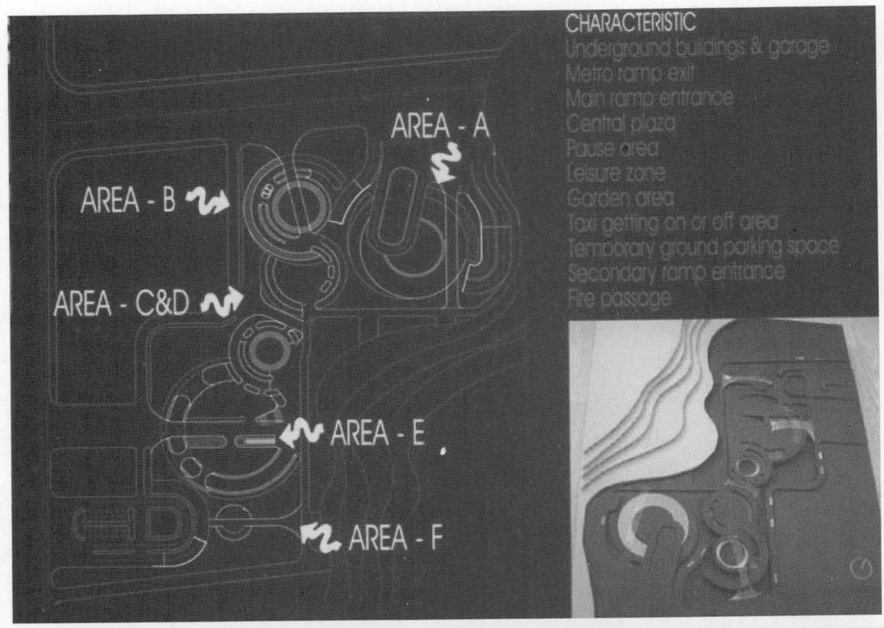
CHARACTERISTIC
Underground buildings & garage
Metro ramp exit
Main ramp entrance
Central plaza
Pause area
Leisure zone
Garden area
Taxi getting on or off area
Temporary ground parking space
Secondary ramp entrance
Fire passage
AREA - A
AREA - B
AREA - C&D
AREA - E
AREA - F

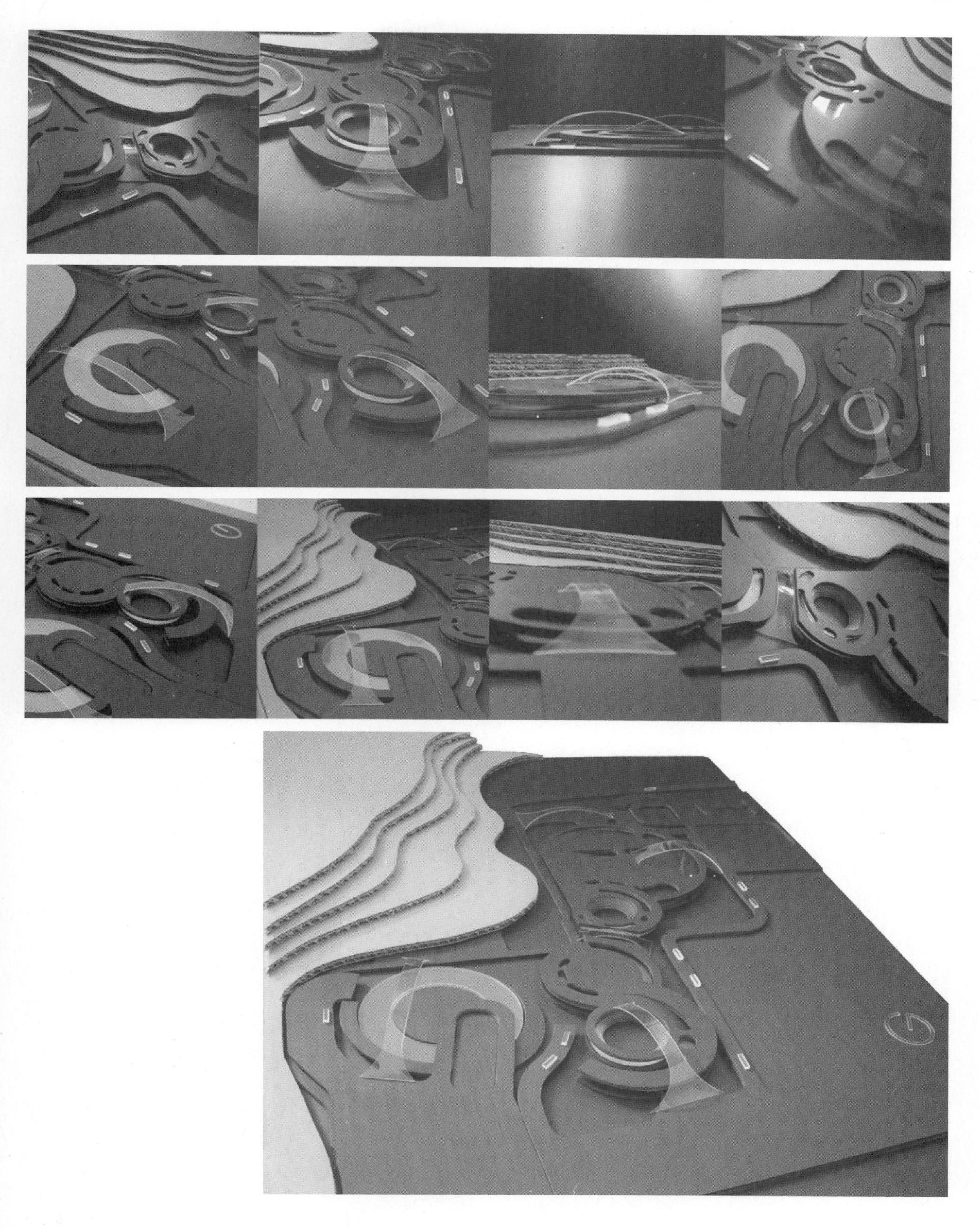

案例二

■ 模型类型：场地与建筑景观模型

■ 制作课时：64 课时

■ 制作材料：石膏、黏土、3 mm PVC 板、2 mm 透明亚克力板、背漆玻璃、灯泡、电池

■ 加工方式：数控铣床、手工制作

■ 连接方式：乳白胶、UHU 万能胶

■ 制作比例：1∶200

■ 制作说明：该模型是为大连某海水浴场设计建筑景观时制作的模型。此次设计方案的构思理念是由海豚的身体曲线经过抽象变形演变而来。

模型使用石膏制作山地的地形。主体建筑使用 PVC 板制作。

沙滩制作并不使用传统的浇注方式，而是首先用黏土捏塑出沙滩的形状，最后将石膏粉均匀地附着在表面，这样操作更加简便。

整个模型使用白色和蓝色背漆玻璃。建筑和地形运用白色，水面和建筑的门窗使用蓝色。

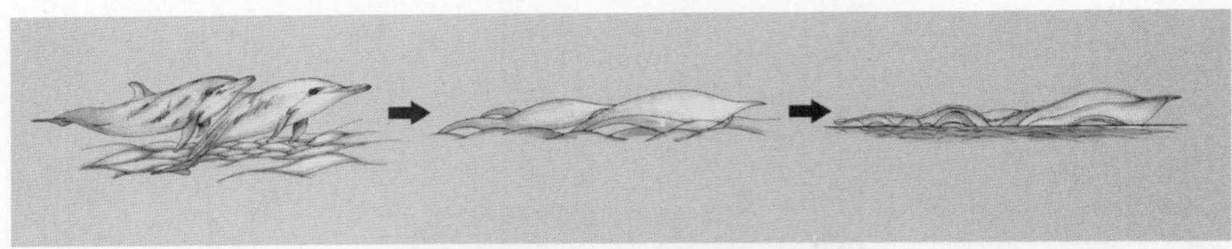

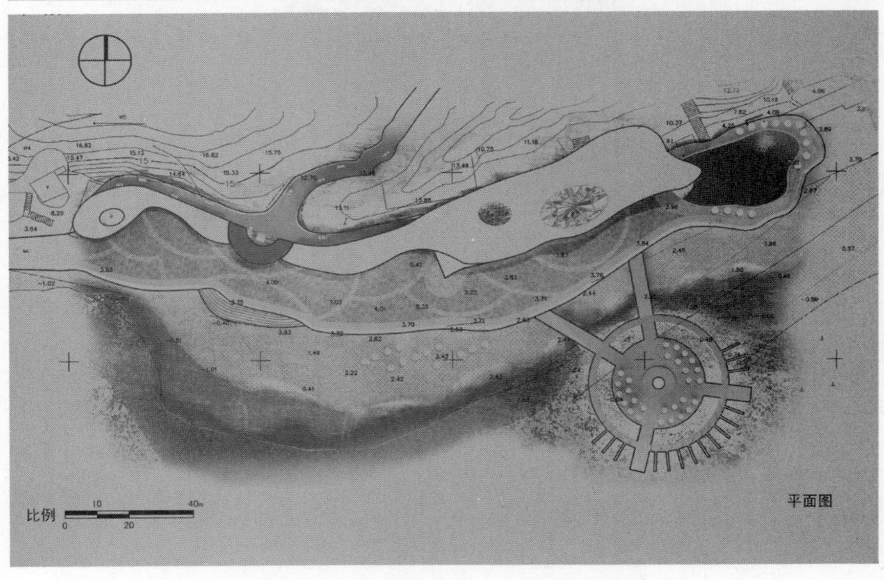

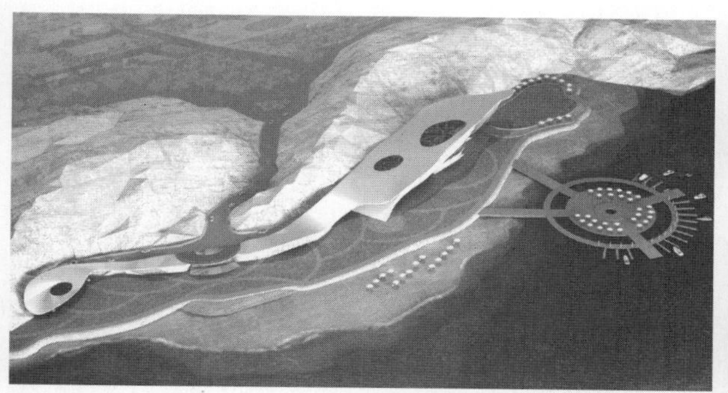

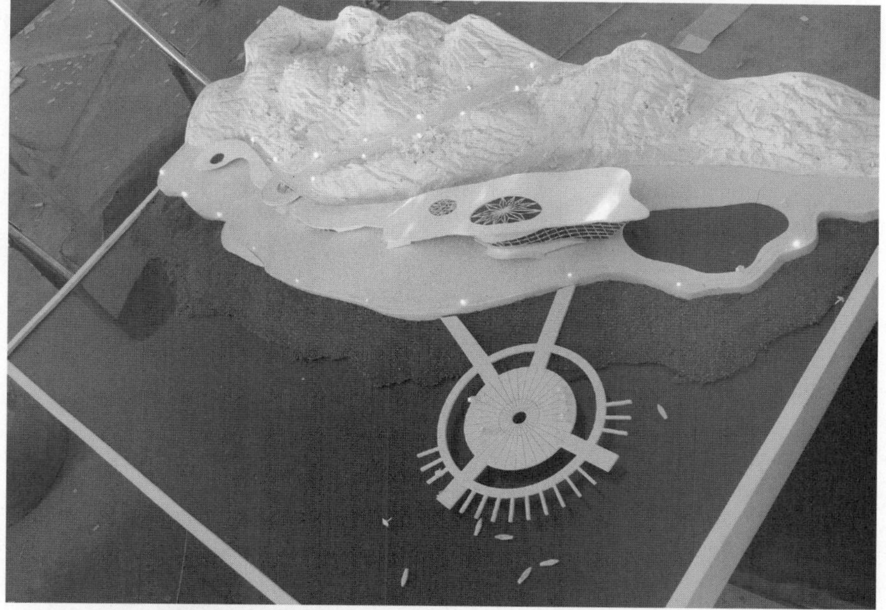

案例三

■ 模型类型：场地与建筑景观模型

■ 制作课时：32 课时

■ 制作材料：2 mm 白色厚纸板、1 mm 透明亚克力板、2.5 mm 透明亚克力板、白色植绒网、金属丝、白色草粉、黄绿色草粉、黑色 KT 板

■ 加工方式：手工制作

■ 连接方式：UHU 万能胶、胶水

■ 制作比例：1∶150

■ 制作说明：该模型表现建筑及屋顶景观。建筑主体选用白色厚纸板与透明亚克力板附着植绒网的手法。在制作建筑玻璃幕墙时，为了大面积切割透明亚克力板，选择厚度为 1 mm 的板材，而制作建筑廊道时，因亚克力板独立裸露，此时，按照比例选择厚度为 2.5 mm 的板材。

屋顶绿化景观制作选择了将草粉附着在模型主体建筑顶面，很清晰地表达出设计意图。

树木按照模型比例现场手工制作。利用银色细铁丝缠绕成树木形状，再用白色草粉粘贴在以细铁丝制作的枝叶上。白色的树木与白色纸板色彩统一，用以突出模型中建筑屋顶上的绿化覆盖。

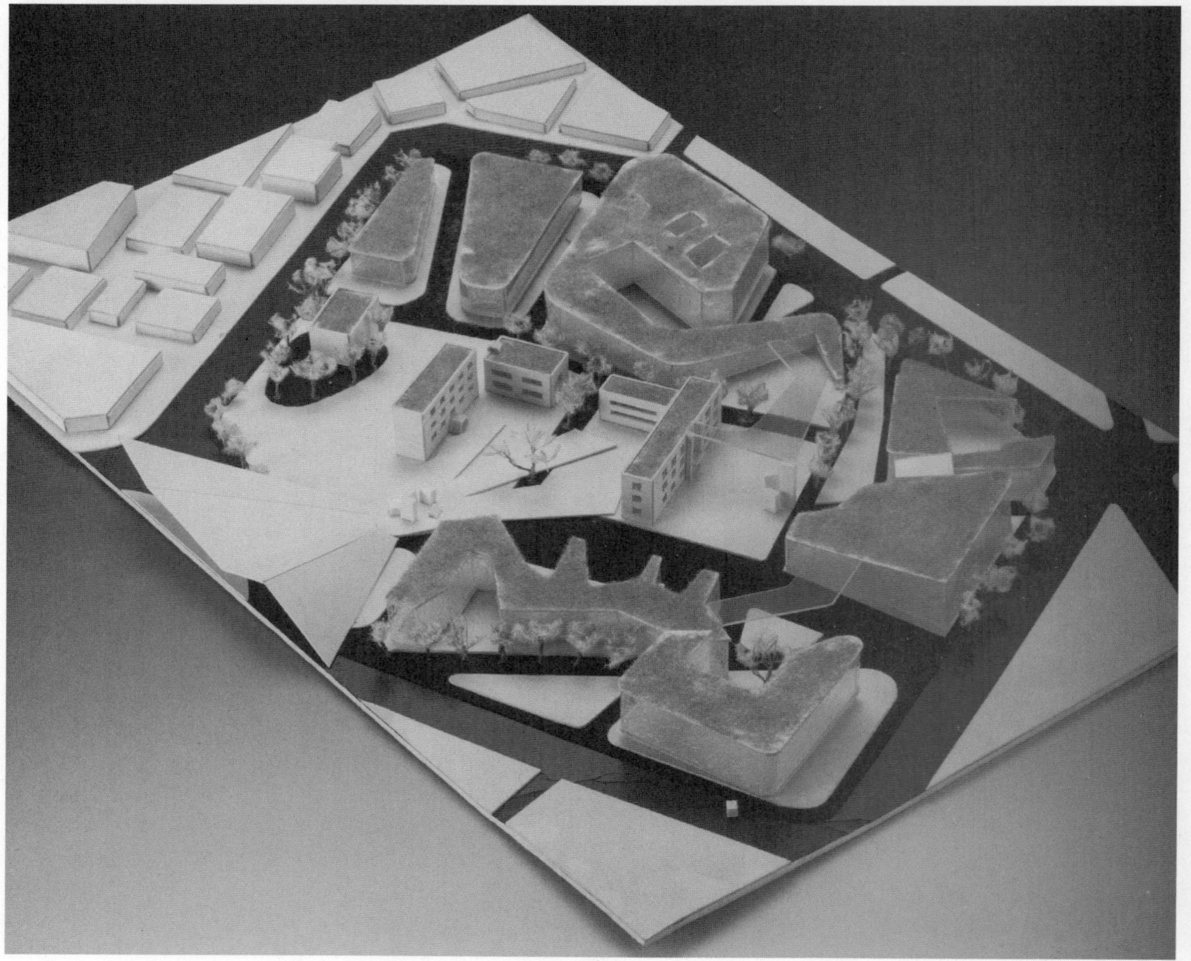

课题六　景观建筑小品模型制作训练

课题主题：景观建筑小品模型制作训练

课题周期：48 课时

制作要求：本课题制作的模型均为景观建筑小品。主要用来研究小型、微型景观建筑的模型制作。该类模型所表达的设计方案通常更富有创意、更具视觉冲击力。

材料要求：综合材料。该类模型可以发挥创意思维，结合实际景观建筑小品的设计特色，利用可以利用的综合材料制作模型。

案例一

■ 模型类型：景观建筑小品模型

■ 制作课时：32 课时

■ 制作材料：2 mm 白色厚纸板、4 mm 软木、ϕ3.5 mm 透明亚克力管、断面 2.5 mm × 4 mm 木条、2.5 mm 薄木板、2 mm 黑色厚纸板

■ 加工方式：手工制作

■ 连接方式：UHU 万能胶

■ 制作比例：1∶75

■ 制作说明：此建筑小品是建造在丛林中的名为 Darzamat 的观景长廊。封闭的构筑物和开放的环境景观独立却又自然地融入丛林环境中。

由于软木质地很软，很难作为独立材料制作模型主要立面，因此该模型用白色厚纸板制作构筑物的立面和平面，利用软木附着在厚纸板上，表现出模型的木材质表皮效果。

构筑物周边的景观利用薄木板制作出创意景观的形态。

整个模型主要采用和木质相关的材料进行制作，贴近构筑物和景观固有的材质，同时，近似的材料选择也使整个模型十分统一。

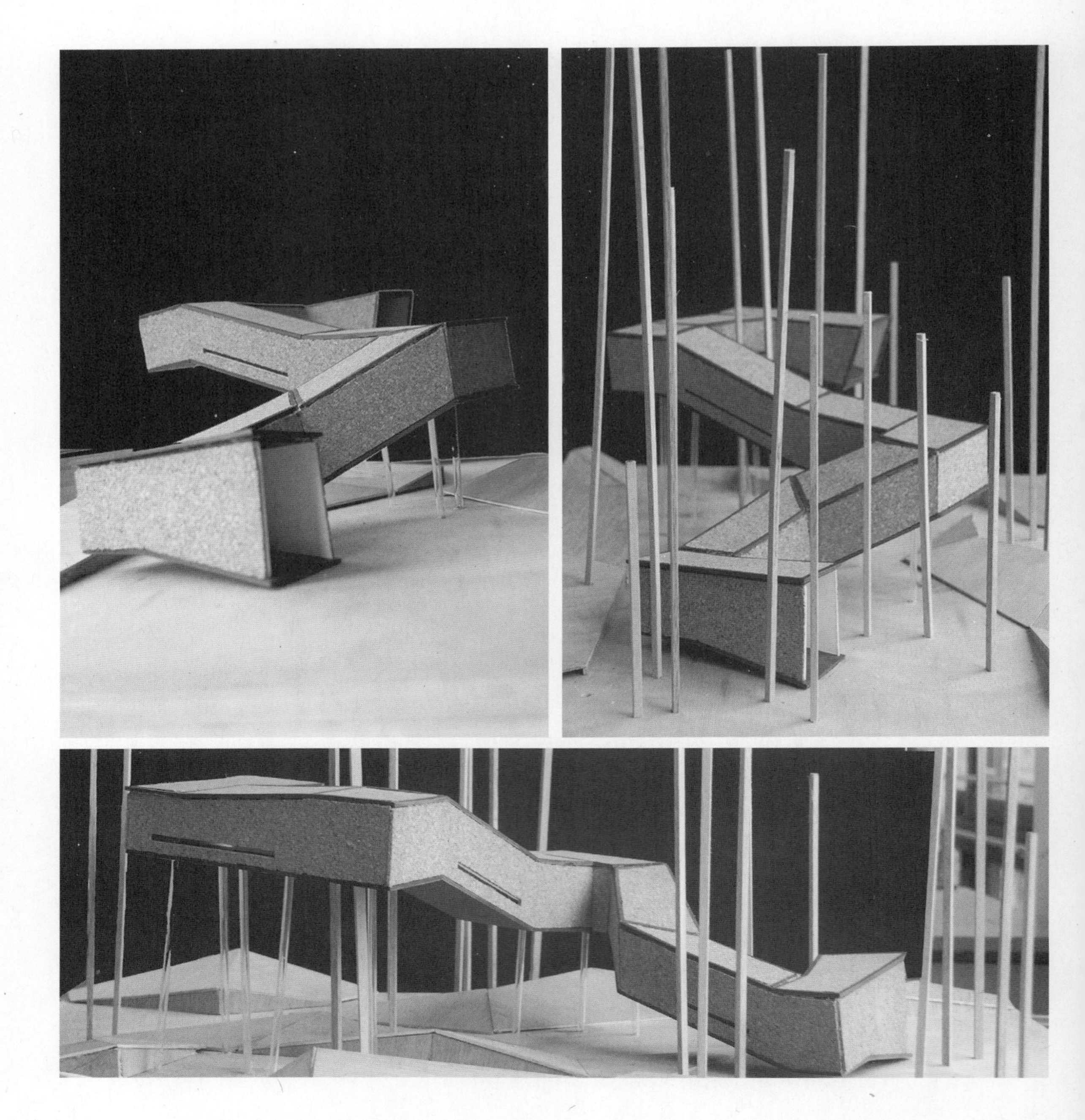

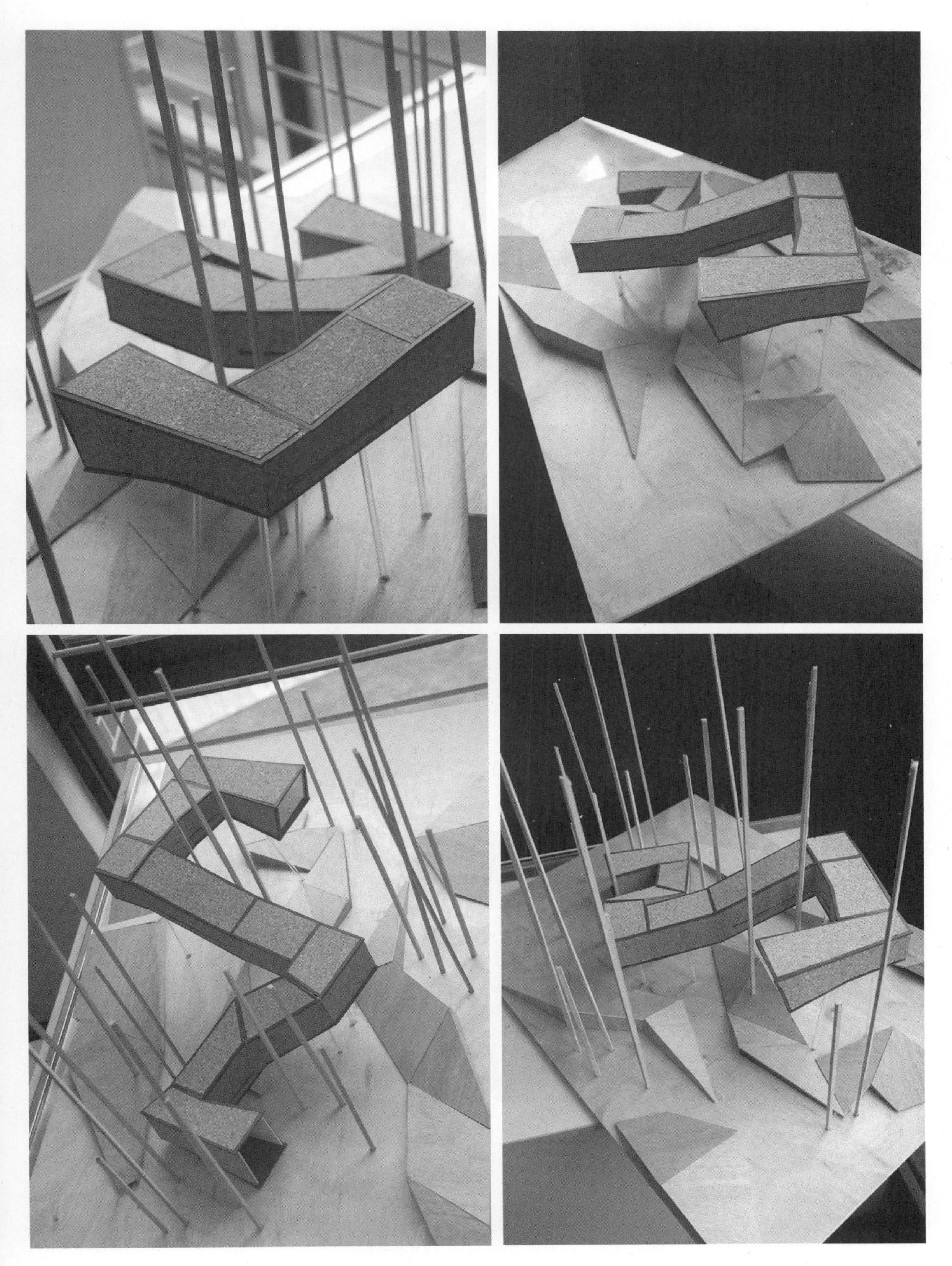

案例二

■模型类型：景观建筑小品模型

■制作课时：32 课时

■制作材料：黑色瓦楞纸、1 mm 牛皮纸、3 mm 白色厚纸板、ϕ1 mm PVC 细管、透明亚克力薄片、蓝色色纸、白色丝网、人物型材、树木型材、白色植绒粉

■加工方式：手工制作

■连接方式：UHU 万能胶

■制作比例：1∶75

■制作说明：该模型所表现的是韩国一处已建成的水边观景平台的景观小品模型。该设计方案运用了旧集装箱进行改造，将集装箱重新着黑漆，建造成几个大小不一、角度各异的观景“瞭望台”。模型制作选择黑色的瓦楞纸，更直观、真实地表现出设计方案。用白色植绒粉模拟了雪景的效果，为模型增添了小小的生动性和趣味性。

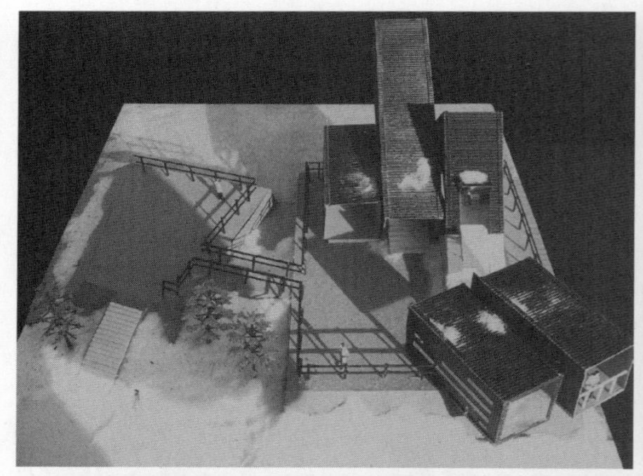

第 7 章 模型的数字化加工技术

数字化模型加工技术已经逐步在模型制作领域得到普及，这就像我们当年逐渐熟练地运用 3ds Max 软件绘制电脑效果图，用 CAD 软件绘制施工图纸和三维虚拟模型，用 Sketch up 软件绘制建筑、景观草图一样，数字化模型加工技术的发展为我们更准确、精致、快速地制作模型提供了有效的科技支持。

目前的数字化加工设备主要可以分为三大类：数控铣床、数控激光切割机、三维打印机。三者工作原理和适用材料各有不同，但都需要通过计算机发出数据程序“指令”来控制设备的加工，这种技术都是用计算机事先存储并设置控制程序，从而来执行对设备的控制功能。这种通过计算机对数据存储、运算、处理来完成对加工设备控制的技术被国内外统称为“计算机数字控制”——“CNC”（computerized numerical control）。需要说明的是，以上提到的数控设备，种类繁多，并非只为模型制作专用，很多设备都被广泛应用在产品制造和建筑领域。目前开设相关专业的艺术和建筑院校，以及专业模型加工工厂通常也都在广泛使用这些设备。

7.1 数控铣床

数控铣床的工作原理是通过刀具的切削来完成对材料的切割。形象点说是“冷加工”。铣床的购置价格低于激光切割机，但所需的铣床工具更新频率高，且价格不低。同时，铣床加工速度慢于激光切割，需要接触切割。但对某些材料的加工，铣床更优于激光，例如 PVC 板、ABS 板等。由于这类材料遇到极高温时会释放出有毒气体，因此，更适合用铣床类的数控设备进行加工。

●数控铣床可以加工的材料包括：木板类、密度板、亚克力板、薄金属板、PVC 板、ABS 板等。

●工作原理：数控铣床是用计算机软件把需要制作的矢量图形文件转换成加工路径来控制刀具的切割。

●适合制作：铣床适合切割中厚度的板材和密度板，适合加工模型的底盘、制作木质等高线地形。也可以切割 PVC 板、亚克力板等复合材料用于制作模型主体及环境配件。

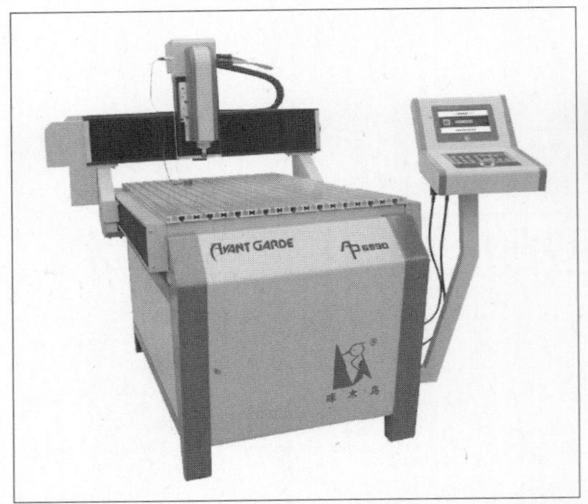

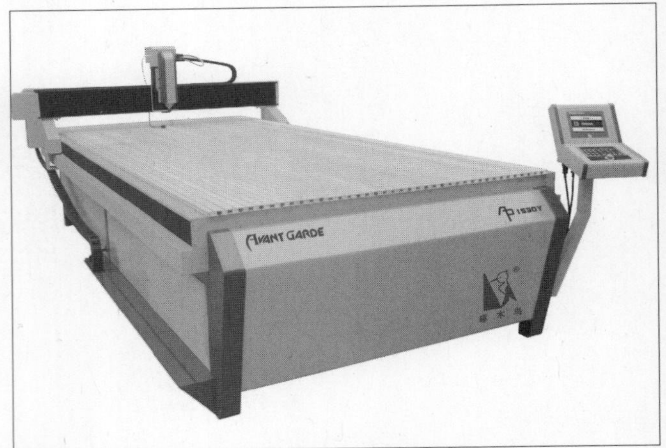

型号	AP-6590Y	AP-1530Y	单位
定位精度	±0.02	±0.05	毫米
主轴最高转速	24000	18000	转 / 分钟
刀柄直径	ф3.175 ф6	ф3.175 ф4 ф6 ф8 ф12.7	毫米
最高移动速度	7.2/25	25	米 / 分钟
台面尺寸	720 ×1390	1600×3730	毫米
最大行程	650×900×110	1500×3000×110	毫米
外形尺寸	1750×1270×1460	3130×4000×1460	毫米
电源电压	AC 220，50	AC 220，50	伏特，赫兹
功耗	2.5	4.5	千瓦
重量	430	1250	公斤

图 7-1 ~ 7-2　图为先锋系列数控铣床雕刻设备。

图 7-3　图中的表格为先锋系列两种数控铣床的技术参数对比表。

型号	1212	单位
定位精度	±0.02	毫米
主轴最高转速	24000	转 / 分钟
刀柄直径	ф3.175 ф4 ф6 ф8	毫米
最高移动速度	25	米 / 分钟
台面尺寸	1360×1300	毫米
最大行程	1200×1200×110	毫米
外形尺寸	1830×2160×1880	毫米
电源电压	AC 220，50	伏特，赫兹
功耗	3.0	千瓦
重量	900	公斤

图 7-4　图为狄凡系列数控铣床雕刻设备技术参数表。

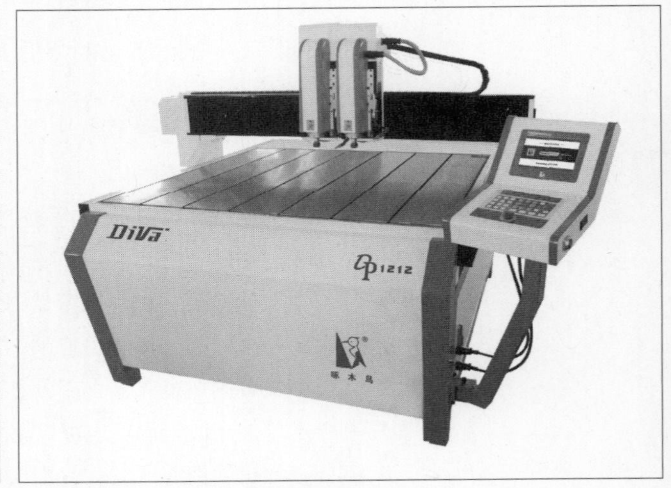

图 7-5　图为狄凡系列数控铣床雕刻设备。

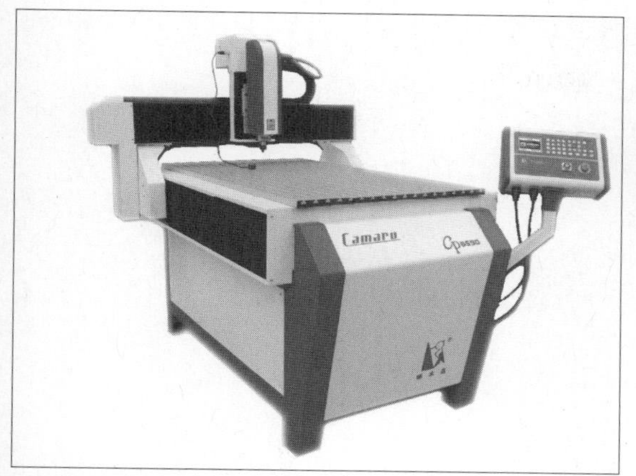

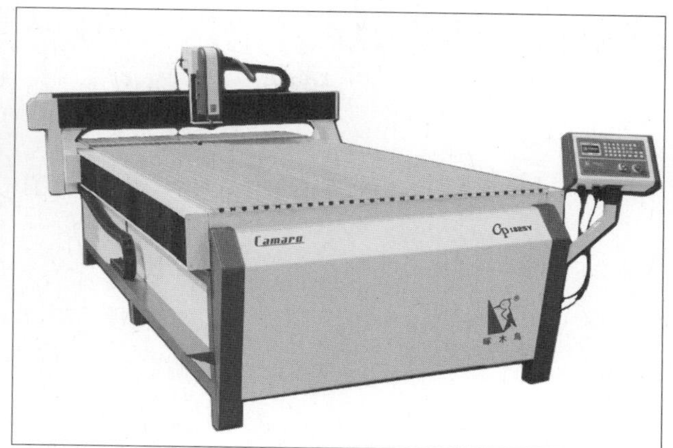

图 7–6 ~ 7–7　图为凯玛系列数控铣床雕刻设备。

图 7–8　图中的表格为凯玛系列两种数控铣床的技术参数对比表。

型号	CP–6590	CP–1325Y	单位
定位精度	± 0.02	± 0.05	毫米
主轴最高转速	24000	24000	转 / 分钟
刀柄直径	ϕ3.175	ϕ6 ϕ3.175 ϕ4 ϕ6 ϕ8	毫米
最高移动速度	7.2	25	米 / 分钟
台面尺寸	720 × 1270	1360 × 3030	毫米
最大行程	650 × 900 × 110	1300 × 2500 × 110	毫米
外形尺寸	1120 × 1520 × 1400	1790 × 3200 × 1460	毫米
电源电压	AC 220，50	AC 220，50	伏特，赫兹
功耗	2.5	3.0	千瓦
重量	200	850	公斤

图 7–9 ~ 7–10　图中是数控铣床在数控指令下切割木工板的工作过程。

图 7-11 ~ 7-12　图中是数控铣床在数控指令下切割透明亚克力板的工作过程。

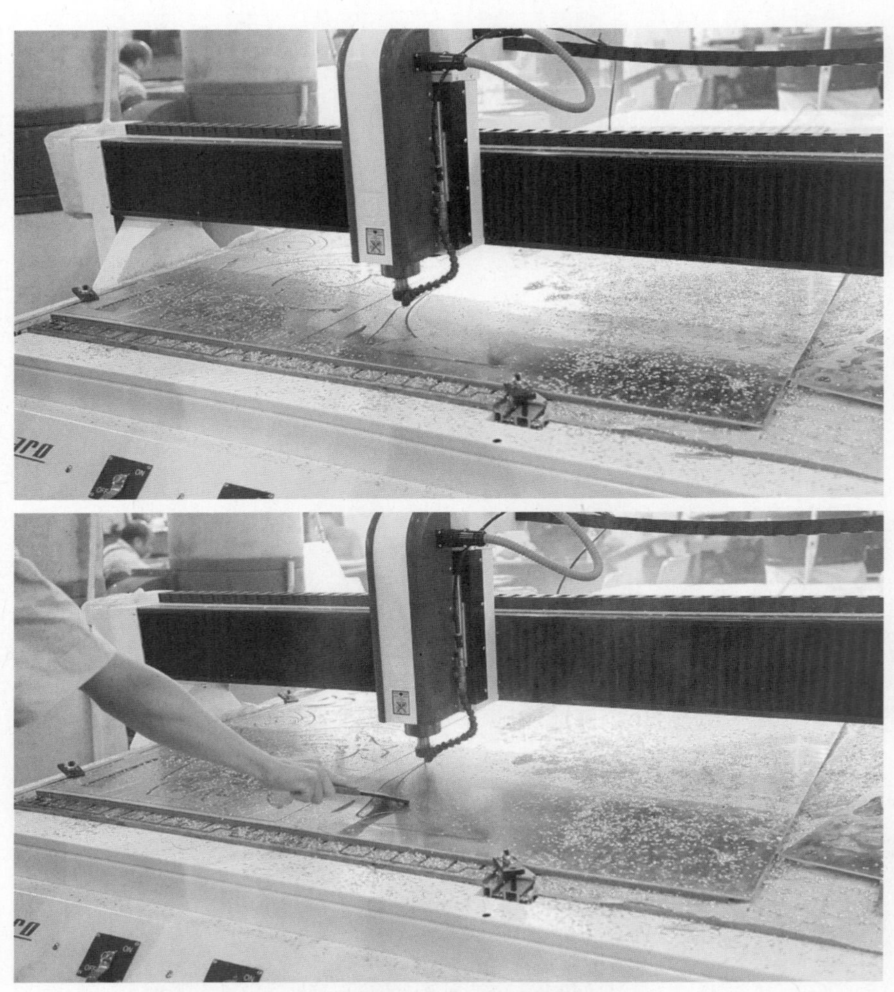

图 7-13 ~ 7-14　图中是数控铣床在数控指令下切割薄金属板的工作过程。

7.2 数控激光切割机

激光切割机的工作原理是通过激光作用的高热度将要切割的材料分离或进行表面浅雕刻。形象点说是“热加工”。激光切割机价格略高，但切割速度快，切割缝隙小，加工精细，不需要接触便可完成切割。激光切割设备切割时与材料进行非接触加工，对材料的破坏较小，并且由于是激光作用于材料而非刀具，因此切割或雕刻的缝隙极小，可有效地减少误差。

●激光切割机适用的材料包括：纸板、木片、亚克力板、薄金属板、布艺、皮革等。

●工作原理：数控激光切割机是用计算机控制激光运行的光路。同时，运用计算机控制激光能量和运行速度，以切割不同厚度和不同类型的材料。

●适合制作：材料损失小、切割精致，适合切割用于制作模型主体和周边环境的材料。

图 7-15 ~ 7-16　图为先行者激光雕刻设备和工作状态下的激光雕刻机。

图 7-17 ~ 7-18　图为奋进号激光雕刻设备和工作状态下的激光雕刻机。

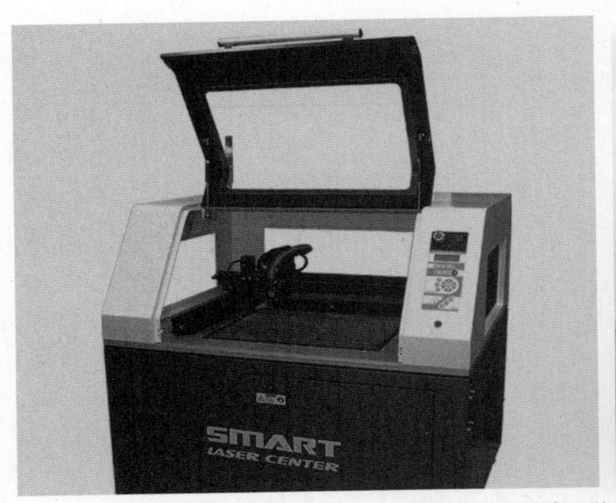

图 7-19 ~ 7-20　图为超越者激光雕刻设备和工作状态下的激光雕刻机。

型号	先行者（ILS-3NM)	奋进号	超越者	单位
激光器	25/30/60/100	30/60/100	30/60/100	瓦
激光器类型	密闭型 C02 金属射频管	密闭型 C02 金属射频管	密闭型 C02 金属射频管	
有效工作面积	660×495×210	1000×600×230	600×500×50	毫米
重复精度	0.001	0.001	0.001	毫米
加工速度	1524	3600		毫米／秒
安全规格	1 类激光安全等级	1 类激光安全等级	1 类激光安全等级	
使用软件	C DRAW, CAD, Photoshop	C DRAW, CAD, Photoshop	C DRAW, CAD, Photoshop	
工作电压	AC 220，50	AC 220，50	AC 220，50	伏特，赫兹
外形尺寸	970×865×990	1450×820×1050	1250×1132×1296	毫米
对焦方式		探针式自动对焦	探针式自动对焦	

图 7-21　图中的表格为三种型号数控激光雕刻设备的技术参数对比表。

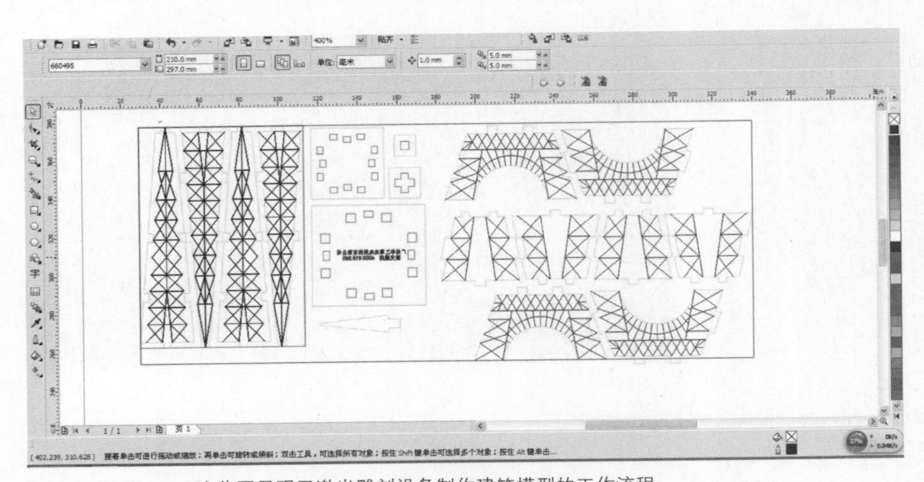

图 7-22 ~ 7-31　这些图呈现了激光雕刻设备制作建筑模型的工作流程。

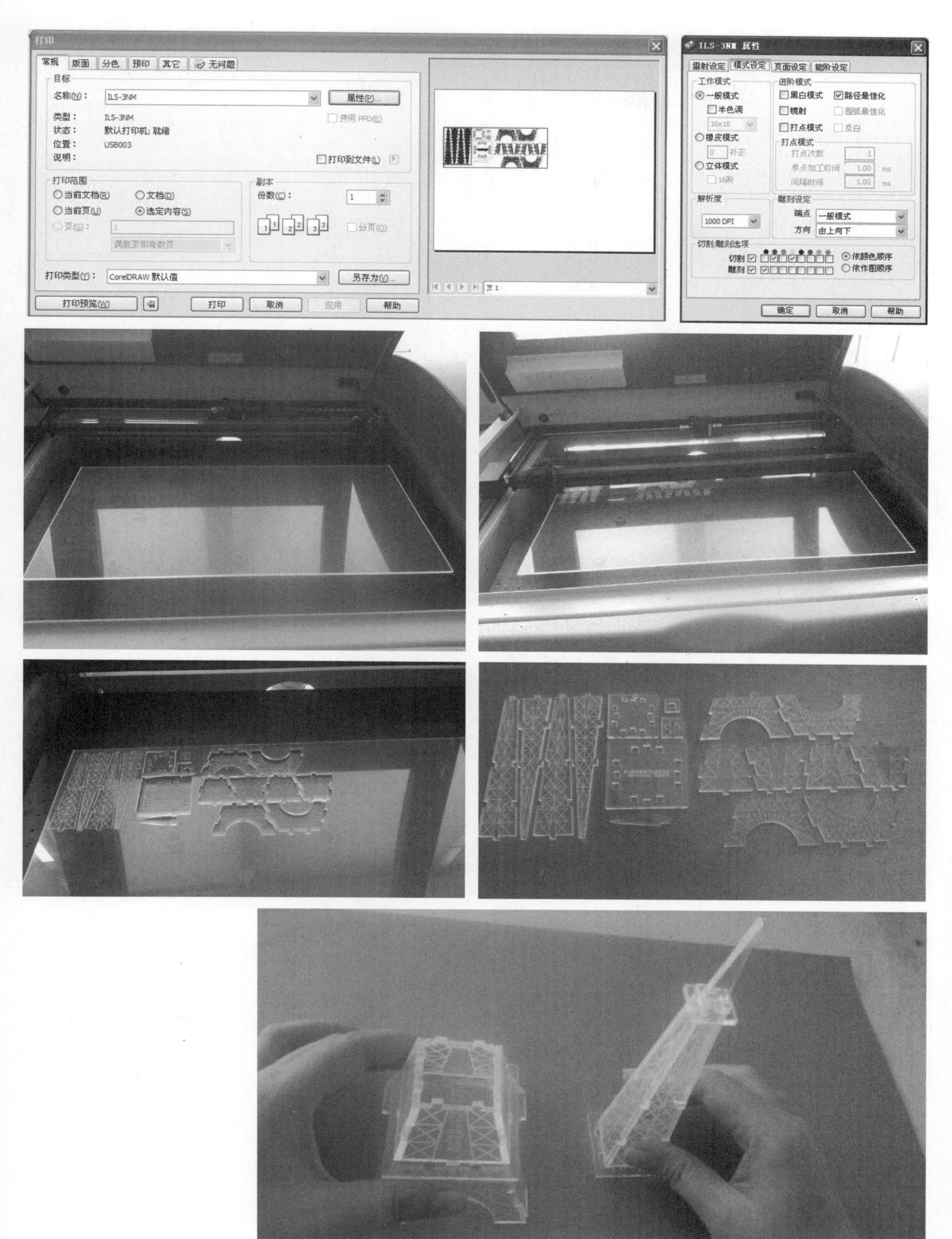
打印
常规
版面
分色
预印
其它
无问题
目标
名称(N)：ILS-3NM
属性(P)...
类型：ILS-3NM
状态：默认打印机; 就绪
位置：USB003
说明：
打印到文件(L)
打印范围
当前文档(R)
文档(D)
当前页(U)
选定内容(S)
副本
份数(C)：1
分页(O)
打印类型(Y)：CorelDRAW 默认值
另存为(V)...
打印预览(W)
打印
取消
应用
帮助
ILS-3NM 属性
雷射设定
模式设定
页面设定
能阶设定
工作模式
一般模式
半色调
橡皮模式
补正
立体模式
16阶
进阶模式
黑白模式
路径最佳化
镜射
圆弧最佳化
打点模式
反白
打点次数
单点加工时间
间隔时间
解析度
1000 DPI
雕刻设定
端点
一般模式
方向
由上向下
切割/雕刻选项
切割
雕刻
依颜色顺序
依作图顺序
确定
取消
帮助

7.3 三维打印机

三维打印机与铣床和激光雕刻机的塑形原理不同。铣床和激光雕刻机的切割方式都是作用于材料的长、宽，然后将各个切割下的“面”，通过手工粘贴组合，建立起模型的高。而三维打印机则是通过输入数字命令和详细的图纸直接三维立体塑形，制作出三维实体模型。

三维打印机是三维快速成型设备的统称，可以根据三维数字模型逐层完成实体原型的制造。三维打印机能够迅速自动根据数字指令制作三维实体，而不需要机械加工、手工组装，也不需要提前制作任何模具。三维打印技术是将实体模型在高度方向上分成不同厚度的若干个薄层，成型设备根据这些层面的信息来进行加工，将这些薄层堆积，便可以得到所需要的三维实体模型。三维打印机几乎可以直接成型各种三维实体形态，非常适合用于加工三维曲面或不规则形状的造型。

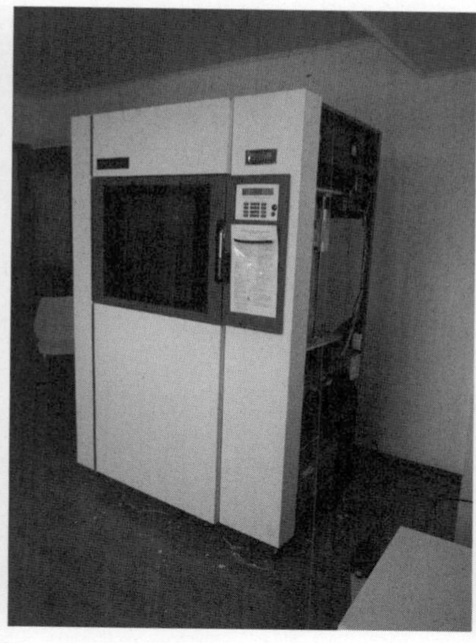

图 7–32 ～ 7–34　图为多角度拍摄的三维打印机。

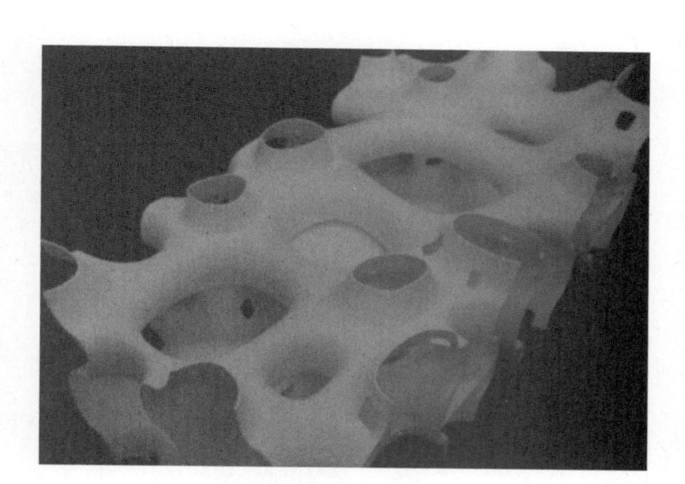

图 7–35　用三维打印机直接成型的建筑模型。

图 7–36　数控设备于土黄色密度板上雕刻的模型场地。

图 7–37　数控设备于透明亚克力板上雕刻的概念平面。

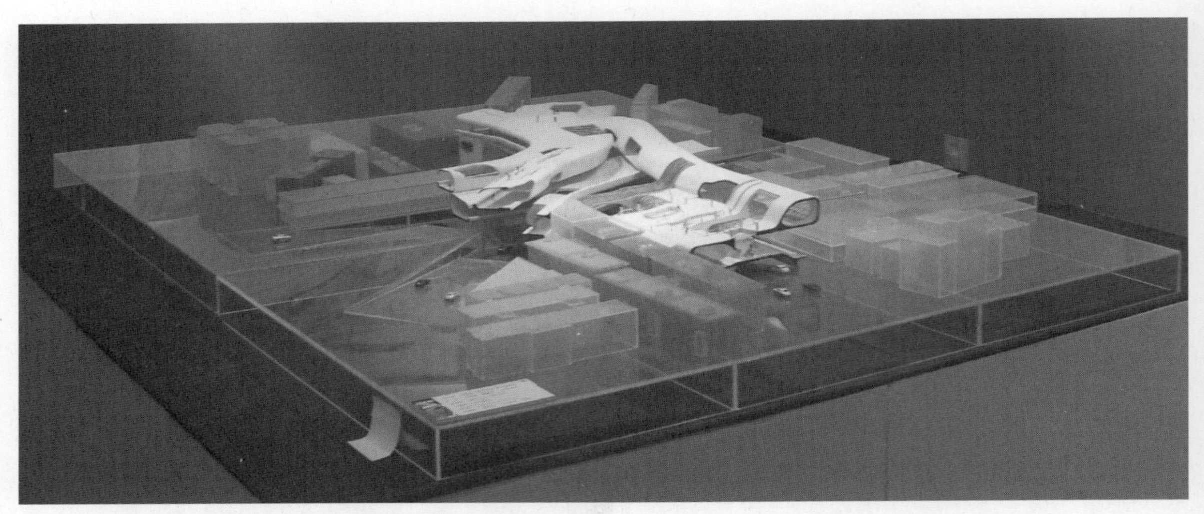

图 7–38　数控设备辅助切割、人工组装制作的模型。

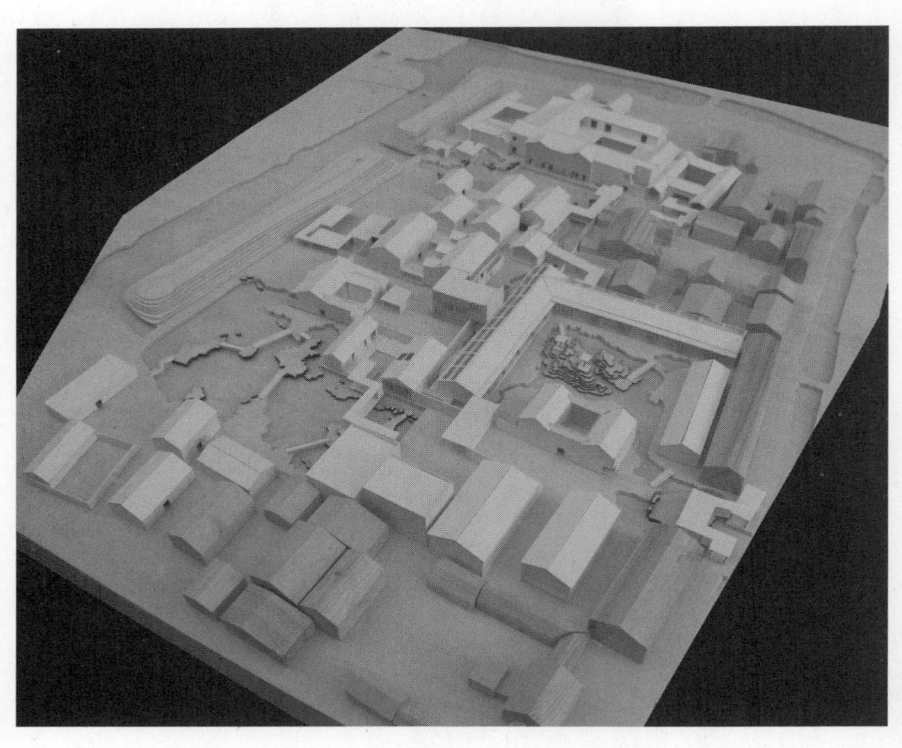

图 7–39　数控设备辅助切割、人工组装制作的模型。

第 8 章
模型摄影及编排

模型摄影对于模型很重要，其重要性不在于对制作过程的帮助，而在于能够更好地对实物模型资料进行影像保留和展示。同时，实体模型的摄影也是建筑设计表现中的一种表达方式，就如同手绘效果图和电脑效果图一样。

8.1 拍摄前的构思

8.1.1 在什么环境下拍摄

拍摄目的在很大程度上决定了拍摄场地的选择。究竟选择在室外用自然光，还是利用影棚灯光布置场景拍摄，这是模型摄影首先会面临的问题。如果选择自然光，那么是在阳光下拍摄还是在建筑阴影下拍摄？选择什么时段的自然光？如果在影棚中拍摄，那么布置一个光源还是多个光源？如何处理模型暗部和阴影？

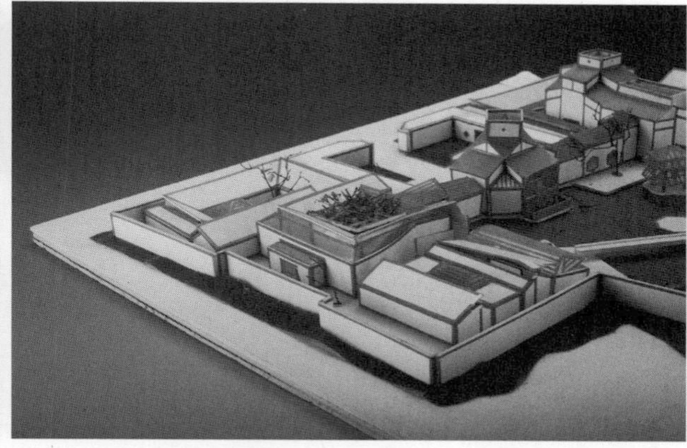

图 8–1 ~ 8–2　以制作完成的苏州博物馆整体建筑模型为范例，图 8–1 为室外随意拍摄的模型照片，图 8–2 为影棚中使用专业设备拍摄的模型照片。对比两张图可以看出室外随意拍摄的模型出现了亮部曝光过度，暗部缺乏丰富的色彩变化，而在影棚中用专业设备拍摄的模型照片，色彩的对比关系、光的明暗关系等都更为专业。

8.1.2 营造什么氛围

应对拍摄结果做出预估。是要拍摄更具艺术表现力的建筑模型照片，还是主要用于记录模型被制作完成的“结果”？这决定了是否需要布置场景、设计灯光、使用辅助反光板、配备更好的相机，以及运用高水平的后期软件制作等。

图 8–3　该图是在模型制作完成后，立刻在工作状态中拍摄的，用以记录刚制作完成的模型成果。

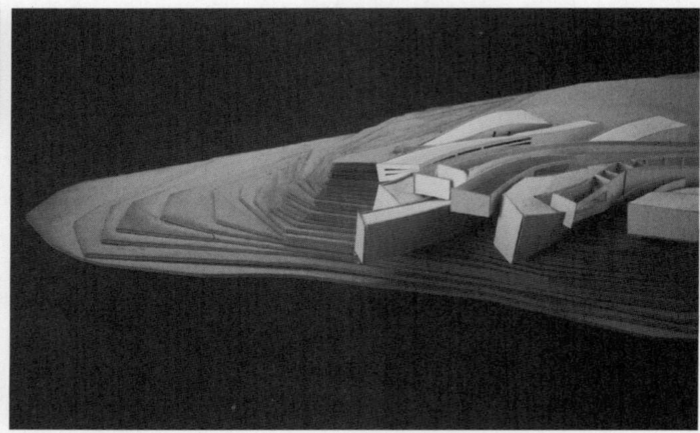

图 8–4　图中模型是在制作完成后，搬至影棚，运用专业设备进行拍摄的。对比图 8–3 和 8–4，虽然都是对同一个建筑模型的拍摄，但两张照片所呈现出的氛围有较大的视觉差异。

8.1.3 用什么模式拍摄

了解相机的基本功能和使用方法。选择什么镜头拍摄？选择多少值域的色温？选择什么样的景深范围？对焦对在模型的哪个位置上？

8.1.4 用什么视角拍摄

熟知要拍摄的模型对象的特点。思考：拍摄模型的整体场景更美还是局部更具特色？从哪个角度拍摄更出效果？用纵向构图还是横向构图表现？每种模型在拍摄时都有合适的视角，选择合适的视角更容易展现模型的魅力。是独立的超高层建筑还是低矮的建筑群？是细节丰富的主体模型还是主要表现场地规划？每类模型都有适合记录它们的拍摄方法。

8.2 摄影工具

从客观上说，选择高品质的相机设备有助于拍摄出更好的模型摄影作品，但同时，还要取决于拍摄者对相机的掌握，以及光线、构图、视角的把控。使用中高级的普通数码相机或数码单镜头反光式照相机（数码单反）均能够满足拍摄模型照片的需要。有些为了出版或展览使用的模型照片，在拍摄时尽量能够配备三脚架或单脚架进行拍摄。

一般来说中高级的普通数码相机就可以完成拍摄，但现在越来越多的学生和设计师们拥有很不错的单反相机。单反相机的可拆卸镜头种类繁多，鱼眼、广角、长焦、中焦、移轴等。每种镜头各有所长，但模型摄影比较常用的是 35 ~ 50 mm 焦距的镜头，这类镜头已经可以很好满足模型的高标准拍摄要求。

图 8–5　图中的相机分别是尼康 D700 和尼康 D600 的单反相机。使用的镜头分别是 85 mm 定焦和 24~70 mm 变焦镜头。需要注意，24~70 mm 变焦镜头是拍摄模型非常不错的镜头，但也经常会用到定焦镜头拍摄，85 mm 的定焦并不是拍摄模型的最好镜头，如果需要使用到定焦镜头，可以选择 50 mm 的定焦微距镜头。

图 8–6　能使用专业单反相机和合适的镜头进行拍摄是最好的选择。但在没有专业单反相机的条件下，也可以选择微单（微型单反相机）或普通的小型数码相机。图中的相机从左至右分别是松下 Lumix GF2 和松下 Lumix DMC–FX50。

图 8–7　图中的三个镜头从左至右分别是尼康 24~70 mm 变焦镜头、移轴镜头和 85 mm 定焦镜头。

8.3 构图与拍摄视角

在建筑摄影中，摄影师对拍摄时的构图与视角需要非常细腻的把控，不同建筑与空间形态会选择不同的拍摄方式。例如，哥特式的建筑空间多选择低视角拍摄，以突显建筑的高大、宏伟、神圣。大尺度的景观、规划则通常选择俯视的角度拍摄。图 8–8 至图 8–13 展示了针对不同建筑及景观特征采用的拍摄视角。

图 8–8　马来西亚吉隆坡“双塔”。

图 8–9　西班牙巴塞罗那圣家族教堂。

图 8–10　西班牙塞维利亚的西班牙广场。

图 8-11　西班牙格拉纳达皇宫。

图 8-12　西班牙马德里太阳门广场街景。

图 8-13　印尼巴厘岛梯田。

建筑与环境艺术摄影注重拍摄的光影、视角和构图，模型摄影亦如此。在模型制作过程中，对实体模型需要进行制作时的构图策划，将三维模型拍摄成照片，照片以二维的视觉形式呈现时，仍然要考虑在画面中如何“放置”模型。模型照片的构图原则遵循视觉形式美的所有法则，同时，还要针对模型制作中的重点、特点、亮点给予有效突出。无论是拍摄整体模型，还是拍摄实体模型中的局部细节，都需要在画面中完成具有美感的构图。

模型的拍摄视角要视模型类型而定。通常情况下，对于规划、景观类的模型，适合用俯视的角度拍摄，有利于表现出模型的全貌和规划的整体性。对于单体且较高层的建筑模型，适合用仰视的角度拍摄，这样能够更好地突出建筑的震撼感和尺度感。对于小型建筑，适合用平视或微俯视的角度进行拍摄。

图 8-14 ~ 8-16　三张图分别采用了仰视、平视、俯视的三种视角进行模型的拍摄。即使是拍摄同一个建筑模型，不同的拍摄角度也能够呈现出不同的效果。

图 8–17　俯视视角拍摄的组合建筑模型。

8.4 场景布置及拍摄

可选择的拍摄场景包括两大类：室外自然环境拍摄和室内影棚拍摄。

8.4.1 室外拍摄

在室外利用现有的户外场地和自然光线拍摄模型，方便又经济，也很适合表现模型本身的质感。但要找准合适的天气和一天中的时辰。正午阳光垂直照射，曝光过强，不利于展现模型的阴影。因此，以上海为例，夏季上午8：00—10：00，下午4：00—5：00；冬季上午9：00—10：30，下午3：00—4：00，选择在这些时段进行拍摄，模型的光感和阴影都可能被较好地体现。

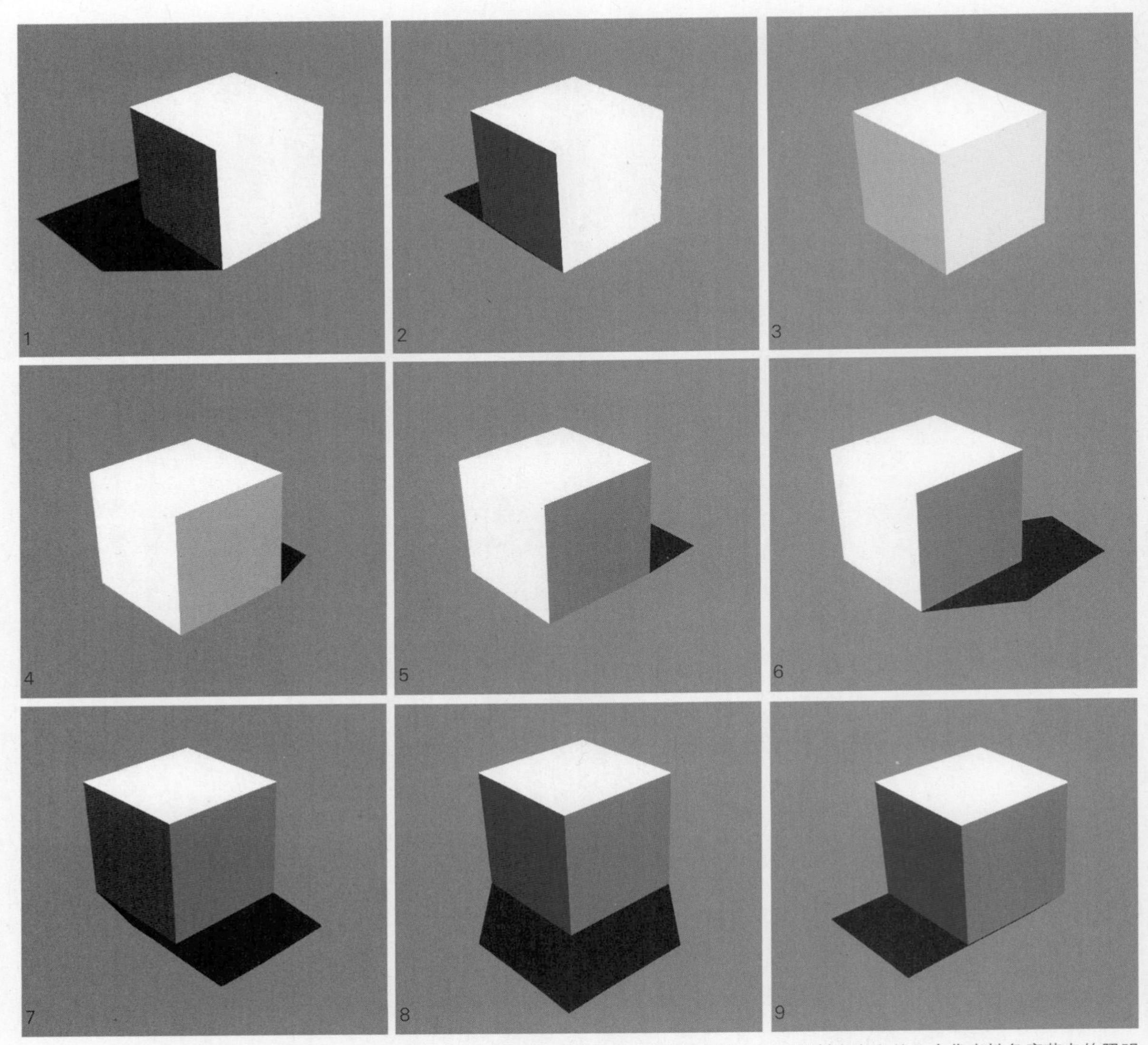

图 8–18　图中呈现了来自不同方向主光源所形成的照明效果与阴影方向，模拟了光源 360° 照射方向上的几个代表性角度节点的照明效果。

1 和 6 是常用的布光角度，这种角度的光源照射兼顾了模型的亮部、中间调、暗部及投影区域，并且形成了从亮到暗的层次变化。

2 和 4 两种光源照射方式也可以在拍摄时使用，适合反差较小的模型照片拍摄，但缺点是投影面积较小，使画面缺乏黑白灰的构成对比，导致画面缺乏稳定感。

3 的明暗关系是最不可取的一种，是完全的顺光拍摄，缺乏明暗对比，缺少层次，使拍摄的模型照片完全没有视觉吸引力。

5 的光源照射方式使顶面和左侧面的亮度几乎相同，使画面缺少明暗层次，当光源照射方式与地面成 45° 夹角时会产生这种光效，这时需要主观将光源投射角度偏移或旋转模型。

7、8、9 中的光源方向，会让人产生视觉不悦，因为暗部面积过多且层次不清楚，这三种逆光拍摄的方式只有在特殊需要时才会使用。

室外天光的色温偏高，而且越接近中午时段色温越高，这会使拍摄的模型整体色调偏蓝，特别是浅色或白色模型，偏蓝情况更突出。如果一定要选择在自然光线下拍摄，又希望拍摄出适当暖色调的照片，那么就需要避开中午时段，选择在早上或下午拍摄（越接近日落，室外自然光的色温越低），同时通过调节相机的色温值来进行拍摄。

图 8-19　室外自然光源下拍摄的集合住宅建筑与环境模型局部。该模型的拍摄背景为：上海，九月，下午四点左右。拍摄时考虑到了模型体块间的明暗对比关系和拍摄角度。

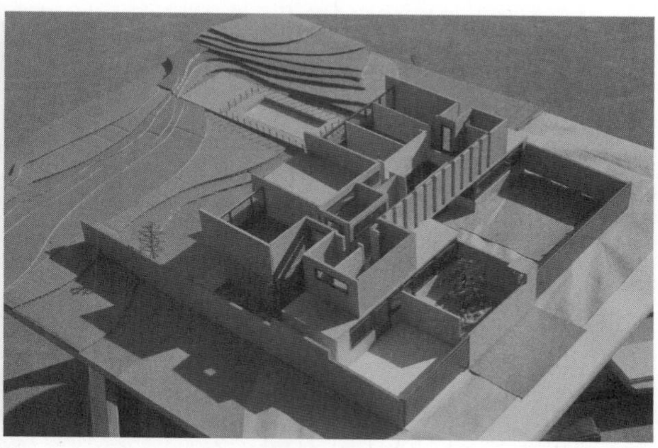

图 8-20　室外自然光源下拍摄的别墅建筑与环境模型。该模型的拍摄背景为：上海，十月，下午三点左右。这是阳光比较强烈的时候。在拍摄时将模型整体暴露在强光下，使该模型的亮部、暗部、投影产生较强的明暗对比关系，但是也造成了整体曝光过度的不良视觉效果。该图片在拍摄的基础上使用 Photoshop 软件将整个模型照片略微调暗。

图 8-21　室外自然光源下拍摄的博物馆建筑模型。该模型的拍摄背景为：上海，十一月，下午三点左右。该图中的模型拍摄角度并不非常理想，属于顺光拍摄。但模型主体的细节较丰富，细节中产生的暗部和投影填补了画面明暗关系缺失的不足。

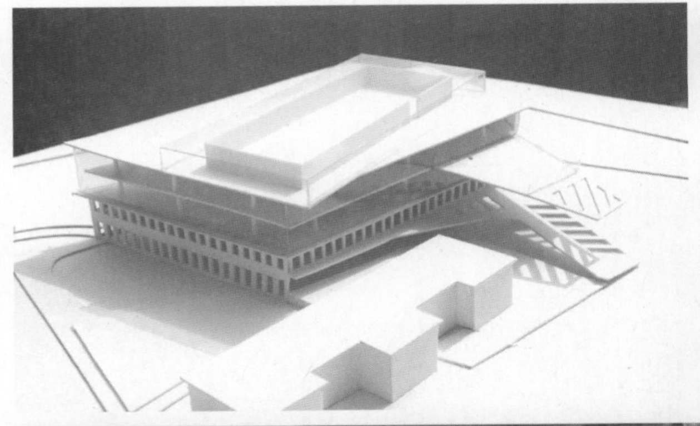

图 8-22 ~ 8-25　图中的四个摄影案例，都是将模型置于正午光线下或者晴朗天气的强光下拍摄。致使四个模型都产生了曝光过度，明暗部无对比变化的不当视觉效果。

关于拍摄场景的选择，如果需要拍出对比度较强的效果，可将模型放置在阳光充足的空地、草地或楼顶；如果需要拍出柔和的质感，可将模型在适合的时间放置在浅色建筑墙体的阴影下进行拍摄，因为浅色的墙体会微弱地反射太阳光线，更利于拍摄出柔和的质感。但需要注意，过强的阳光会使模型照片曝光过度，失去美感。模型摄影时尽量关注到拍摄的背景和模型摆放的环境，但由于当前的电脑修版技术十分发达，很多搁置在杂乱环境中拍摄的模型最终也能够被有效地“美化”。

8.4.2 影棚拍摄

选择在室内影棚中进行拍摄时，需要使用到影棚闪光灯或长明灯配合柔光箱，以及反光板或反光伞。它们各自有自身的优势：闪光灯光线强烈，能够满足拍摄时所需的曝光量；加柔光箱的长明灯光线柔和，拍摄效果好，但需要较长的曝光时间，这时最好能够选择三脚架进行拍摄，避免手端相机时轻微晃动导致成像模糊。

对于普通学生在课程研究中制作的模型，一般在影棚中设置单一光源拍摄即可，但为了取得更优质的拍摄效果，通常都会使用反光板或白色纸板，目的在于让模型的暗部受到环境光的反射而产生丰富的层次感。但对于特殊的大体积模型，有时则需要设置两盏或两盏以上的灯具。

拍摄背景的布置要根据模型的质感、颜色和预计达到的效果来确定，但通常情况下的操作是使用黑色亚光衬布作为拍摄背景。如果遇到深灰色或黑色材料制作的模型，则需要根据实际情况更换白色或浅色衬布。

图 8-26　柔光灯及自己搭建的临时影棚。

8.4.3 光圈、对焦与景深

拍摄模型对画面艺术效果的要求可能远不及摄影艺术。但在满足“记录”模型的前提下，最好尽可能地增加模型摄影的艺术表现力。配备高品质镜头的现代相机，在自动模式下，能够非常快速、精准地进行对焦，将选定的拍摄物对准“对焦点”，该点将能够被非常清晰地呈现。

选择手动模式拍摄时，就需要通过光圈、快门、对焦的选择来调整虚实。画面最“实”点与前后一定范围内的区间是景深的范围。景深大能够将模型尽可能清晰地呈现于画面内，景深小有益于使画面增加一定的视觉变化，体现虚实关系。

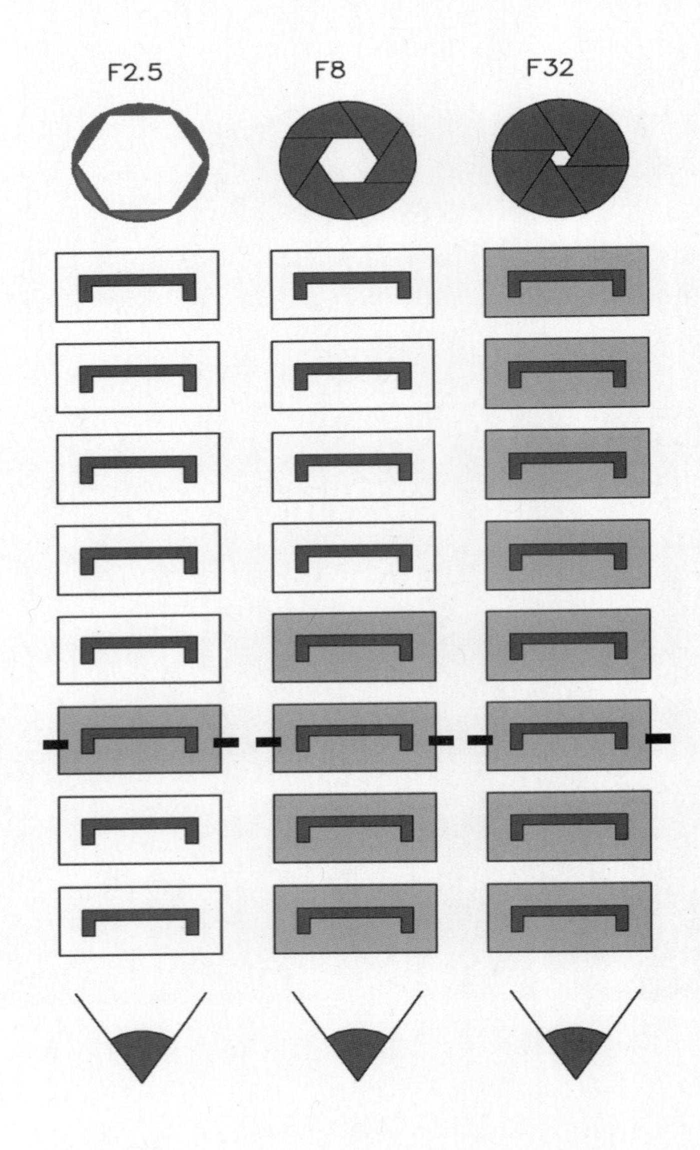

图 8–27　该图用图解的方式对光圈与景深关系做了解释。单反相机镜头在对焦于同一位置时，光圈的大小直接决定了景深的范围。

图中，相机的对焦位置均为从下方数第三个物体上，当光圈调至最大时(F2.5)，景深最小，即使前后紧邻的两个相同的物体也都是虚化的。当光圈适中时(F8)，最靠近镜头的物体都能被清晰呈现，但远处的物体仍然被虚化。当光圈最小化时（ F32 ），所有竖排的物体都被清晰呈现出来。

注意事项，在相同的照明条件和 ISO 值保持不变的前提下，当光圈缩小时，所需要的曝光时间需要增加，从而获得相同的曝光量。例如，F8 光圈所需要的曝光时间大约为 1/10 秒，F32 所需要的曝光时间则要达到 2 秒。当曝光时间稍长时，就需要使用三脚架，避免手端相机造成抖动致使照片画面模糊。

图 8-28 ~ 8-29　大光圈设置下拍摄的建筑模型。

图 8-30 ~ 8-31　中光圈设置下拍摄的建筑模型。

图 8–32 ~ 8–33　小光圈设置下拍摄的建筑模型。

8.5 模型照片后期处理及版式编排

在模型的拍摄阶段，就应当充分考虑到构图、背景、角度、光线、对焦、景深等多种因素。但由于当前的图片处理软件具有强大功能，很多在拍摄时没有达到预期效果的模型照片也可以在后期进行调整和处理。

8.5.1 提升精致度

手工制作在精致度上很难与数控设备切割相比拟。有时，在模型各个立面组装的过程中也会存在粗糙之处。这些细节会在拍摄中被放大。图片处理软件能够将制作中不完美的部分细节进行有效的修整。在图片处理软件中，比较常用且具有强大处理功能的 Photoshop 是不错的选择。

图 8-34 ~ 8-35　这两张对比图呈现了对模型照片中建筑柱体的后期处理。手工画线、切割、粘贴的模型有时会不够精致。但作为资料被保存下来的模型照片可以利用专业软件进行后期调整。图 8-34 是原始照片，真实记录下了模型制作的“结果”。柱体在制作时存在误差，这是非常不可取的。图 8-35 中的主要柱体做了修整，以达到垂直的基本要求。

8.5.2 处理背景

背景有时会杂乱或不合乎要求，为模型照片更改合适的背景是后期处理经常会进行的工作。主要的处理方法包括：替换背景是指将拍摄的背景更换贴图或与实际场景进行合成；删除背景是指将模型以外的环境删除，用白色、黑色或深灰色填充。

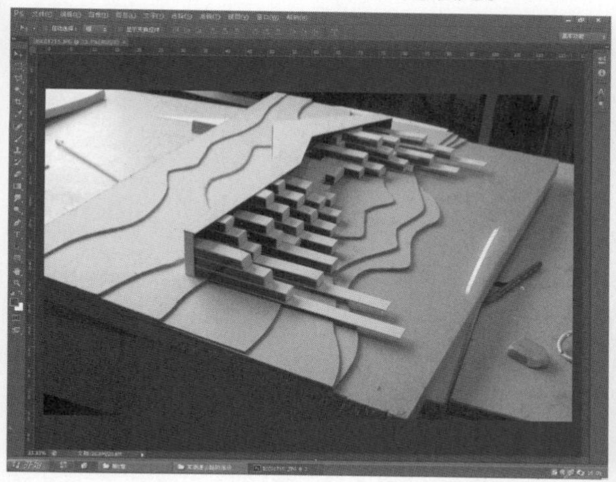

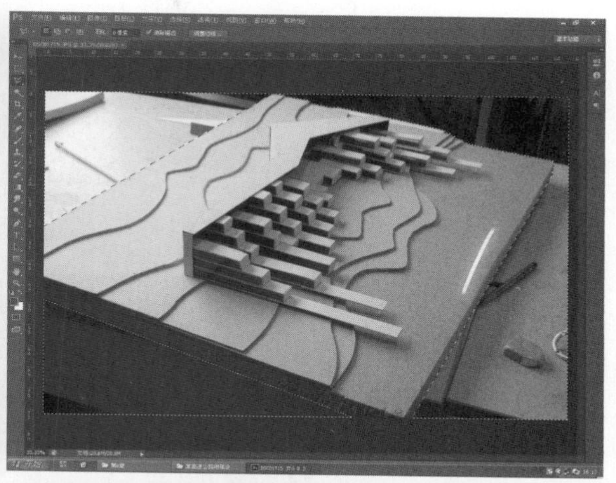

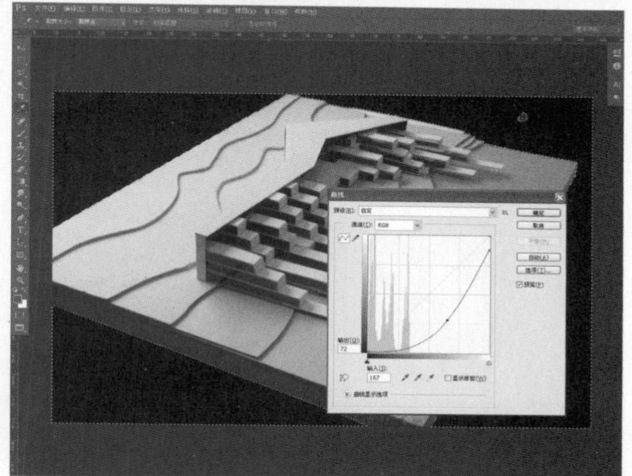

图 8-36　制作环境中拍摄的原始图像，背景比较杂乱。

图 8-37　用套索工具沿模型外轮廓选择出背景的部分。

图 8-38　使用曲线工具，将背景调至黑色或将背景变得较暗。

图 8-39　将模型的背景选出，利用填充工具，将背景删除并重新选择填充颜色。

图 8-40　将背景填充成白色。

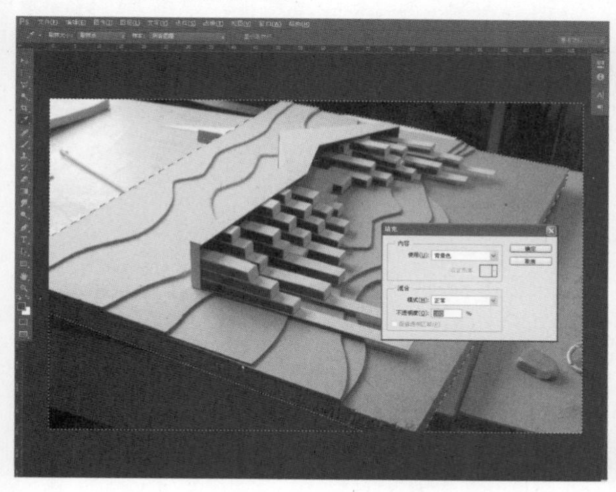

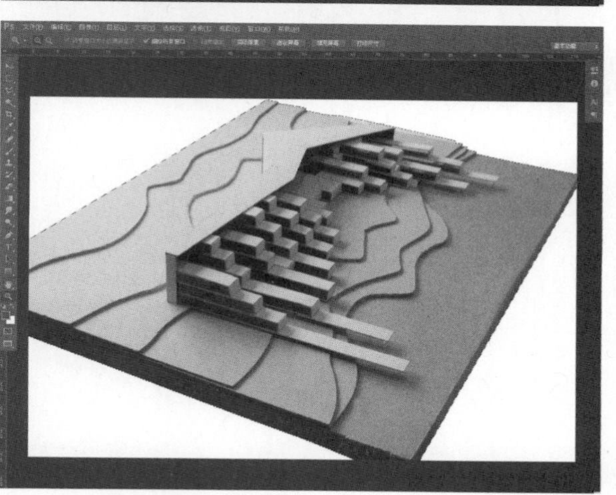

8.5.3 调整色调、色阶

拍摄过程中的曝光不足、曝光过度、缺少补光、照片灰暗、色调偏差都可能是客观存在的。这些可以通过调整照片的饱和度、对比度、亮度、色阶、密度直方图、色相等来进行后期处理，以达到最理想的照片效果。

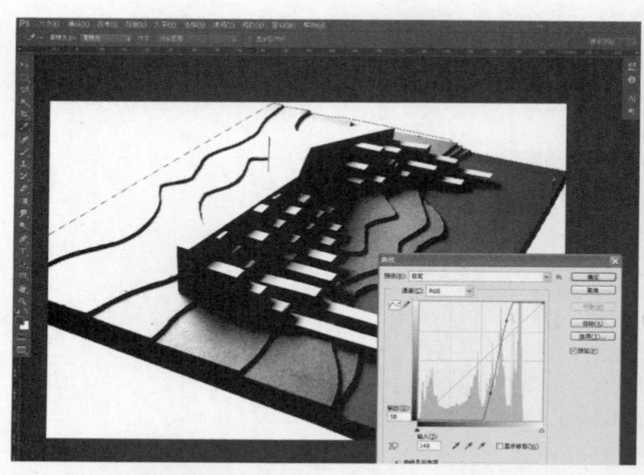

图 8-41　运用套索工具选择出模型的部分，利用曲线工具，根据需要调整照片的明暗及对比关系。

图 8-42　曲线工具的使用，需要根据模型照片的本身效果适度调整，过度调整就会产生夸张的效果。

图 8-43　拍摄的模型照片原图，照片缺乏对比度，色调昏暗。

图 8-44　利用 Photoshop 软件调整过色阶值的照片。

8.5.4 模型照片版式编排

建筑与环境艺术设计专业的学生在设计课或模型制作课中的课题作业，通常都要加以整理作为课题成果提交。此时，需要将设计方案及模型照片进行统一编排。版式中应当包含的主要内容包括：主要模型照片、主要设计图纸或手绘效果图、草图、设计说明、模型制作材料、制作者的相关信息，有时也可以加入制作过程的部分照片。

图 8-45　该图中的排版版面主次得当，将主视角拍摄的一幅模型照片放置成大图，旁边配合几张模型局部的小图片，用文字和创意草图作为穿插，整个版面结构清晰，也十分适合准确读图。

图 8-46 ~ 8-47　展板以黑色为主背景，竖向编排，模型主要用对比强烈的黑色厚纸板和土黄色瓦楞纸板制作，沿用黑色作为主色调排版做到了版式与模型照片的统一。主标题均使用了明度、纯度都很高的黄绿色，将主要角度的几张模型照片放置在版面的突出位置，利用合理排放的文字将多个角度模型小图片和方案草图合理穿插在一起。

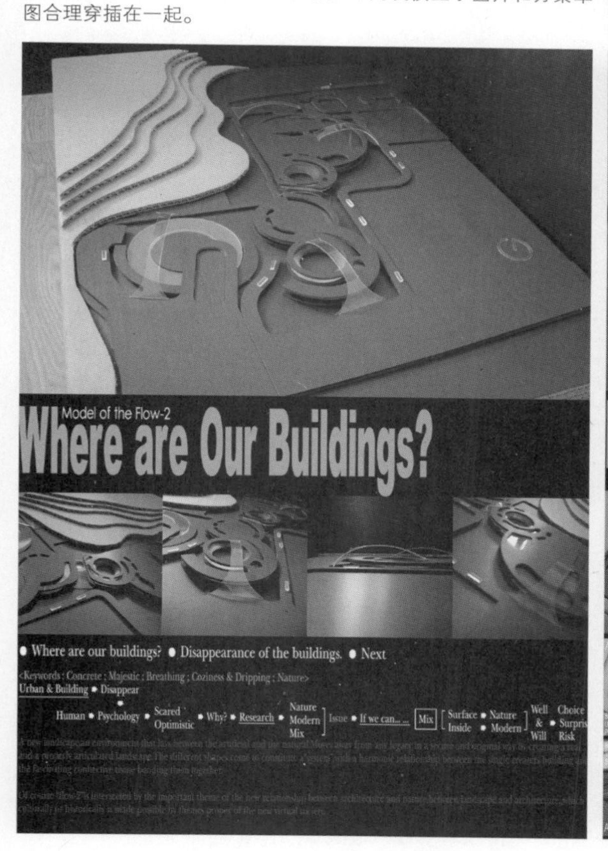

图 8-48　该图中的排版编排很取巧，将整个竖向版面的上半部用一张大的模型照片“填充”。模型主材为黑色厚纸板，版面的底色选择了浅色的灰绿色调子，图和版面底色形成了较好的对比关系。

图 8-49　该图中的排版以白色作为版面主色，与白色的模型和谐统一。版面很规矩，分为四个板块，分别用文字配图的方式将模型照片、制作过程、模型局部细节、原建筑照片等有序排布。该排版存在的不足是所有的模型照片或制作过程照片大小都比较平均，没有更好地突出重点图片。

图 8-50　该图中的排版版面很注重应有的构成关系和色彩关系，但没有很好地突出主题。主题应该是模型制作，需要尽可能表现出模型的制作成品、制作过程和制作说明。

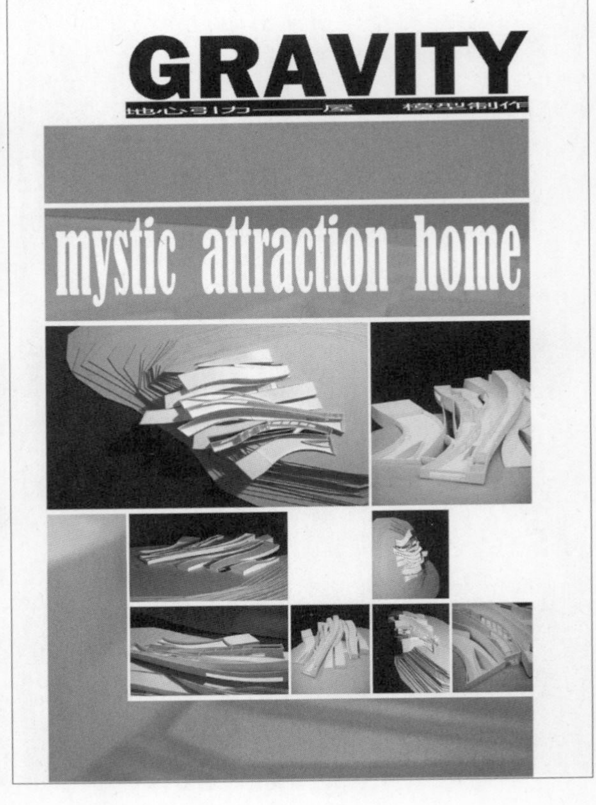

图 8-51 ~ 8-52 图中的版面设计非常清晰地突出了各个角度的模型照片。

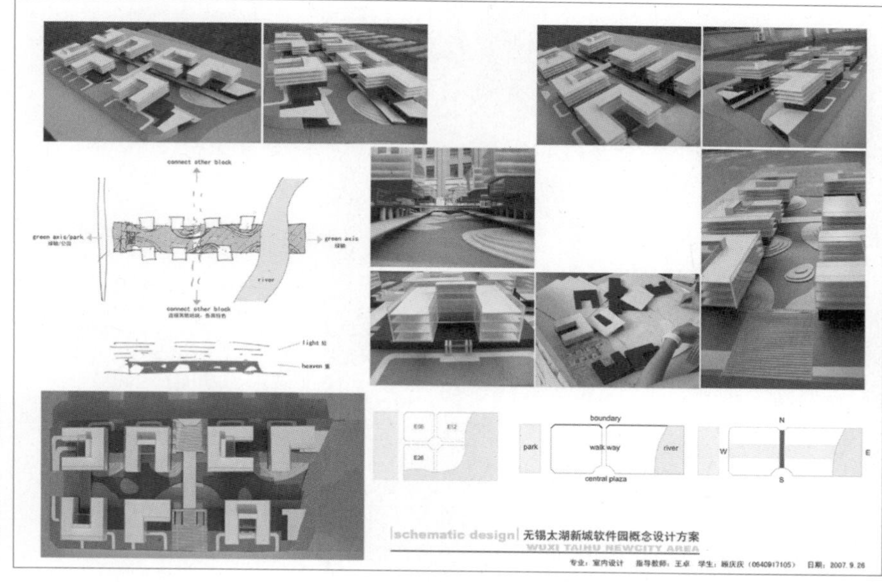

图 8-53 图中的版面设计比较规矩，但非常清晰地突出了主题内容，将模型各个角度的照片、制作过程、制作说明、设计草图、课题题目、作者姓名、指导老师等信息都分主次地表现出来。整个版面干净、精致。

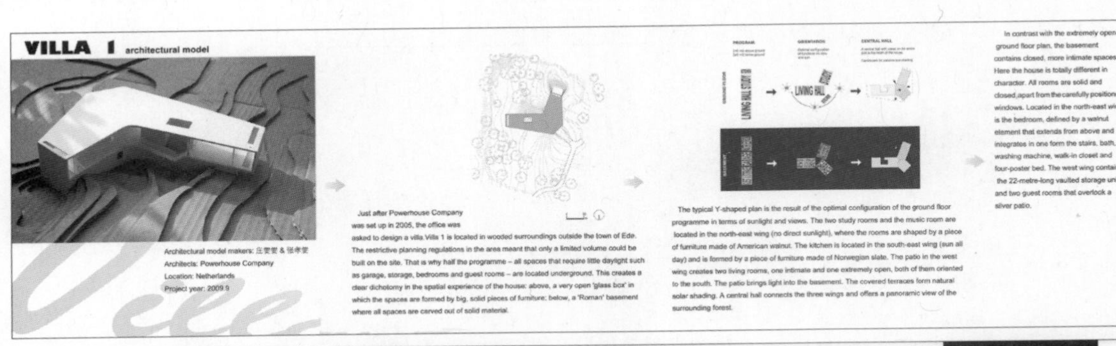

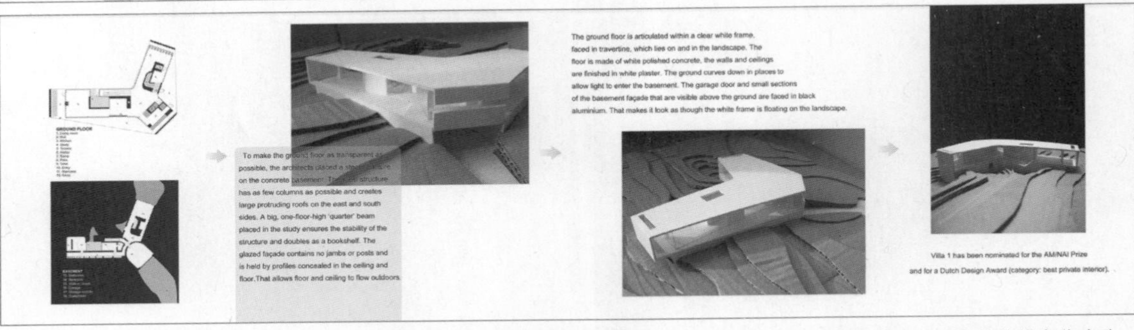

图 8-54 ~ 8-55　图中的版式采用了横长横版编排。每张模型图片都有文字进行对应说明。但不足的是，文字的编排有些凌乱，文字的字首和字尾应当尽量整齐，且文字能够与图片形成成组的对应关系。

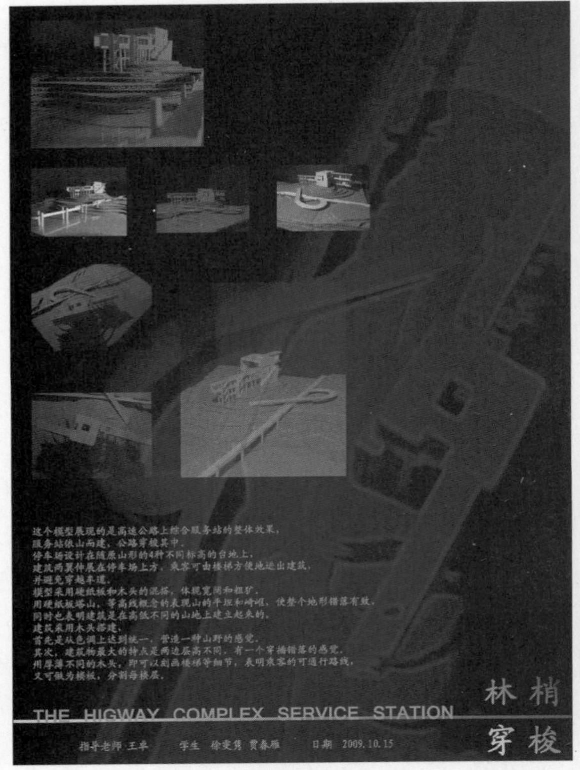

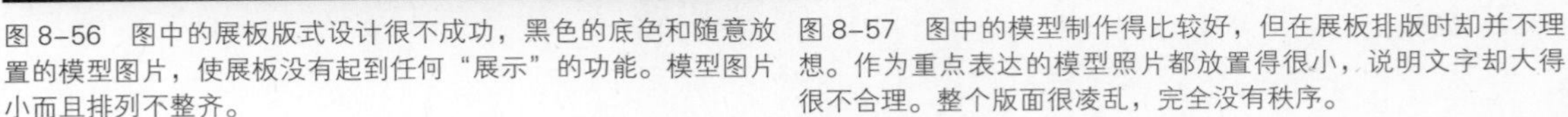

图 8-56　图中的展板版式设计很不成功，黑色的底色和随意放置的模型图片，使展板没有起到任何“展示”的功能。模型图片小而且排列不整齐。

图 8-57　图中的模型制作得比较好，但在展板排版时却并不理想。作为重点表达的模型照片都放置得很小，说明文字却大得很不合理。整个版面很凌乱，完全没有秩序。

第 9 章 建筑模型赏析

图 9-1 “西岸 2013——建筑与当代艺术双年展”展出的旧厂区建筑改造设计模型。

图 9-2 ~ 9-3 “西岸 2013——建筑与当代艺术双年展”展出的位于成都非物质文化遗产公园的兰溪庭建筑设计模型。

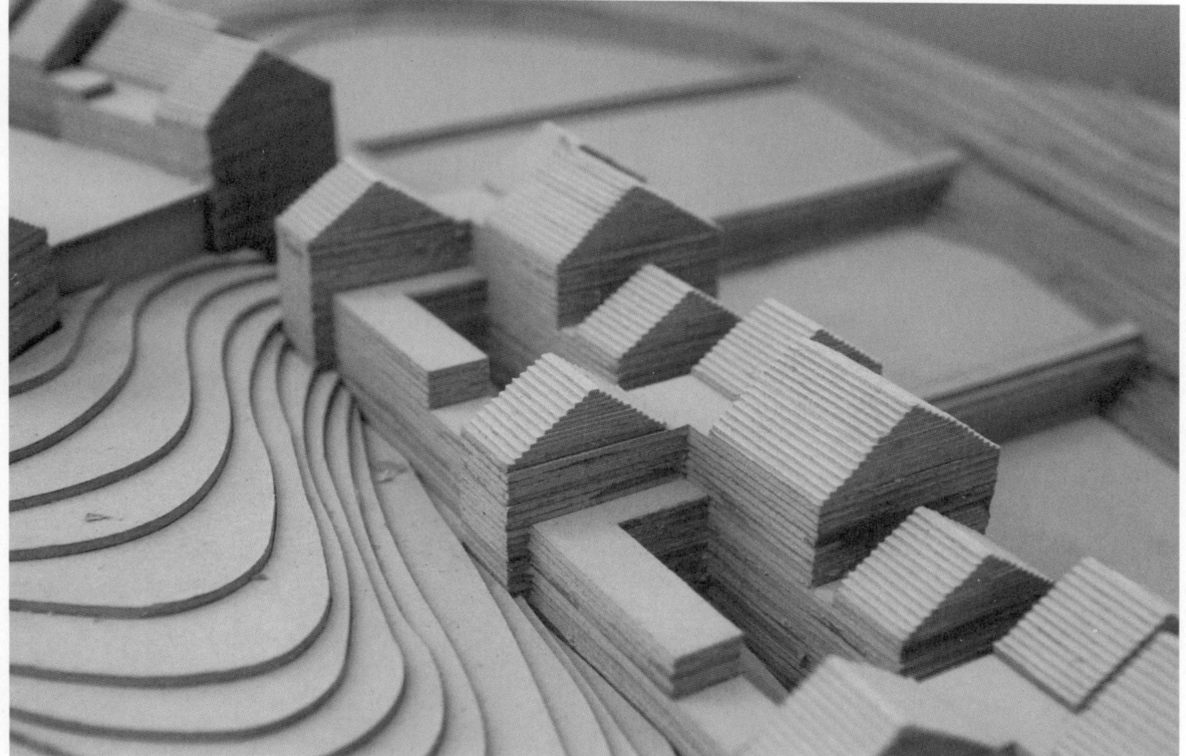

图 9-4 ~ 9-5　“西岸 2013——建筑与当代艺术双年展”展出的场地与建筑模型。

图 9-6 ~ 9-7 “西岸 2013——建筑与当代艺术双年展”展出的上海世博会万科馆展馆建筑设计模型。

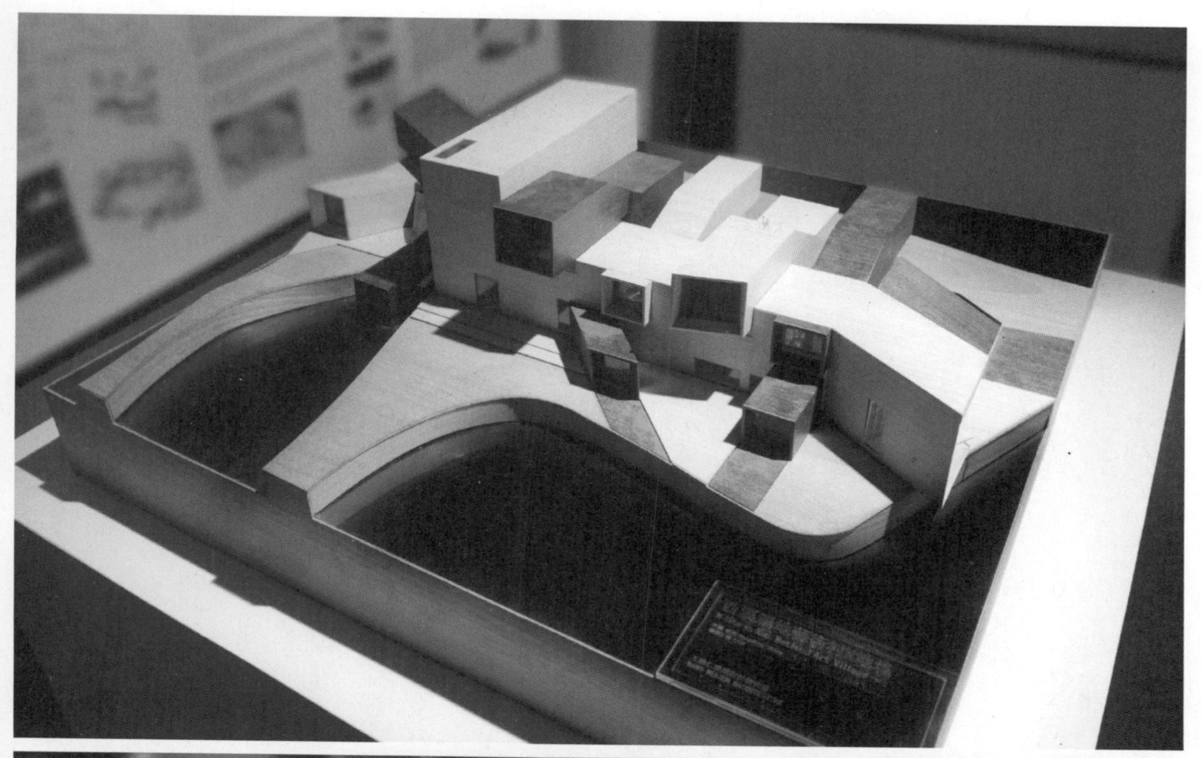

图 9–8　“西岸 2013——建筑与当代艺术双年展”展出的杭州西溪湿地艺术村建筑设计模型。
图 9–9　“西岸 2013——建筑与当代艺术双年展”展出的黄河口生态旅游区游客服务中心建筑设计模型。

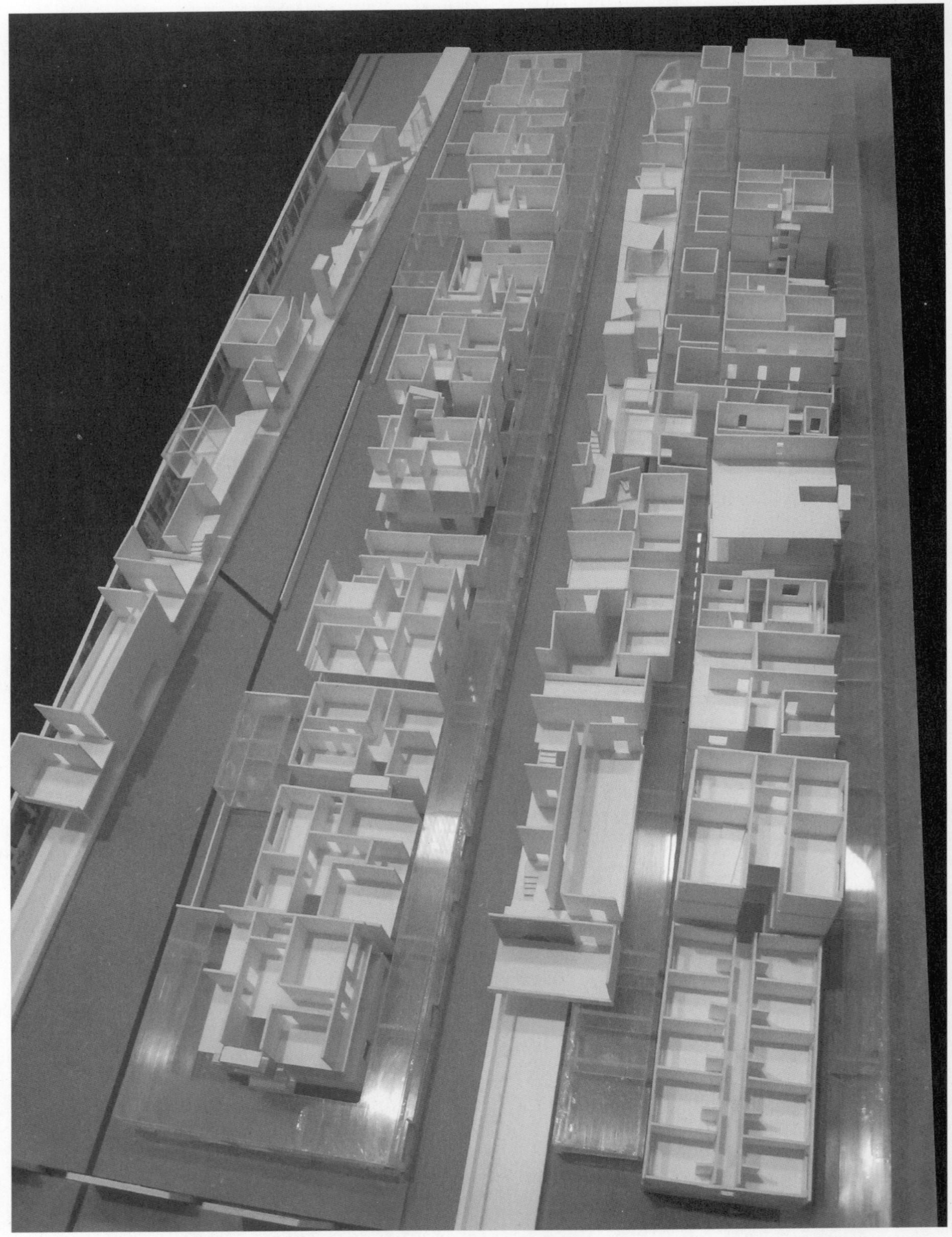

图 9–10　中国美术学院建筑艺术学院学生毕业设计模型作品。使用综合材料制作的建筑内部空间设计模型。模型用删除顶盖的方式，清晰地表达出建筑内部空间布局的关系。

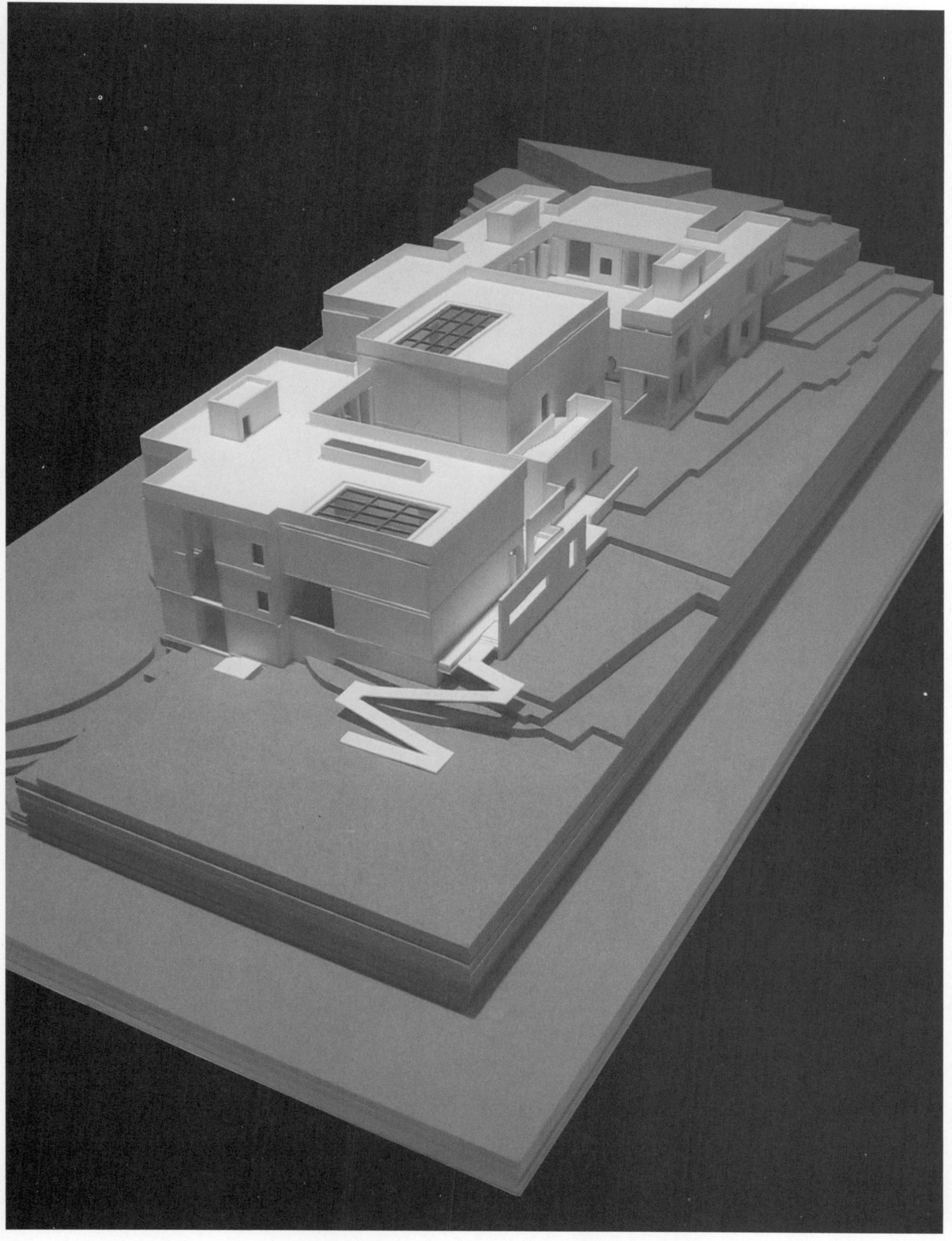

图 9–11　中国美术学院建筑艺术学院学生毕业设计模型作品。使用土黄色密度板与白色厚纸板为主要材料制作的建筑与场地模型。

参考文献

[1] 王卓 . “初”中有戏——室内设计投标策划 . 大连：大连理工大学出版社，2010.

[2] 王卓 . 环境艺术设计概论 . 北京：中国电力出版社，2013（第二版）.

[3] 科诺 W，黑辛格尔 M. 建筑模型制作——模型思路的激发（第二版）. 王婧，译 . 大连：大连理工大学出版社，2007.

[4] 波特 T，尼尔 J. 建筑超级模型——实体设计的模拟 . 段炼，蒋方，译 . 北京：中国建筑工业出版社，2002.

[5] 汉娜 G G. 设计元素——罗伊娜·里德·科斯塔罗与视觉构成关系 . 李乐山，韩琦，陈仲华，译 . 北京：知识产权出版社，中国水利水电出版社，2003.

[6] 黄源 . 建筑设计与模型制作——用模型推进设计的指导手册 . 北京：中国建筑工业出版社，2009.

[7] 米尔斯 C B. 设计结合模型——制作与使用建筑模型指导（第二版）. 李哲，肖蓉，译 . 天津：天津大学出版社，2007.

致　谢

一本优质书籍的出版，就如一部好的电影，总是凝结了许多人的辛苦付出。有的是在台前拼命，有的是在幕后默默支持。这本《建筑与环境艺术模型制作——用模型激发创意思维》能够顺利出版，凝结着许多人的努力和支持，我希望在书中表达我的感谢：

感谢妈妈对我不满 2 岁儿子的精心照料，让我有精力全力以赴地编写本书。如果没有妈妈的帮助，也许我不可能抽出任何时间来撰写和编排此书。

感谢我的硕士生导师马克辛教授为本书提序。2010 年出版的《“初”中有戏——室内设计投标策划》一书就得到马老师的大力支持，此次又在百忙之中为本书亲自提序。

感谢先生吕海岐对我工作一如既往的支持，并帮助拍摄诸多高品质的照片。

感谢大连理工大学出版社袁斌主任对本书定位的精准指导，感谢编辑初蕾女士在出版过程中极具专业性的建议，感谢版式编排洪震彪先生的精心制作。

感谢我的同学——鲁迅美术学院孙虹霞老师为书中诸多模型图片进行了精致的后期修改工作，以及提供了本人毕业设计的设计方案及模型作品。

感谢我的同事——上海应用技术学院高颖老师为本书提供了多张亲自拍摄的中国美术学院毕业设计模型照片。

感谢我的同事——上海应用技术学院湛平老师为本书提供了多张亲自拍摄的安藤忠雄建筑展上的模型照片。

感谢上海万科刘玉涛先生为本书提供万科住宅项目的沙盘照片。

感谢盖胜辉先生帮助拍摄制作过程的示意照片。

感谢设计师李君杰先生为本书绘制模型底盘样式及界面连接制作示意图。

感谢周天欣为本书书名的精准翻译。

感谢中国美术学院建筑艺术学院的沈潼同学，为本书收集并整理了 2014 年毕业设计的部分模型照片。

感谢我的学生——邱潘玉对大量模型图片的后期修改，孙帆为本书拍摄的大量高质量模型照片及过程演示照片，唐芷薇为本书中思维导图进行的创意设计，虞梦雯对部分展览模型资料的整理。

感谢广州华之尊光电科技有限公司、洛克机电系统工程（上海）有限公司为本书提供了相关设备图片、技术参数和制作过程照片。

本书的部分模型拍摄于“西岸 2013——建筑与当代艺术双年展”上多个设计院、设计公司、设计师工作室及事务所的优秀作品。

本书的部分模型拍摄于 2011 中国美术学院建筑艺术学院毕业展现场。

本书的部分模型拍摄于 2014 中国美术学院建筑艺术学院毕业展现场。

本书的部分模型来源于上海应用技术大学环境艺术设计系学生的课程作业。

本书的部分模型和空间构成来源于鲁迅美术学院环境艺术设计系学生的课程作业。

希望这本书能够给爱好和正在学习模型制作的学子们一些有益的参考。

王 卓

2014 年 8 月